装配式建筑施工工匠培训教程

重庆建筑科技职业学院
住房和城乡建设部科技与产业化发展中心 组织编写
范幸义 刘敬疆 主 编

中国建筑工业出版社

图书在版编目（CIP）数据

装配式建筑施工工匠培训教程/重庆建筑科技职业学院，住房和城乡建设部科技与产业化发展中心组织编写；范幸义，刘敬疆主编. —北京 ：中国建筑工业出版社，2021.8

ISBN 978-7-112-26365-3

Ⅰ.①装… Ⅱ.①重… ②住… ③范… ④刘… Ⅲ.①装配式构件-建筑施工-教材 Ⅳ.①TU3

中国版本图书馆CIP数据核字（2021）第140882号

责任编辑：张文胜
责任校对：张惠雯

装配式建筑施工工匠培训教程

重庆建筑科技职业学院
住房和城乡建设部科技与产业化发展中心 组织编写
范幸义 刘敬疆 主编

*

中国建筑工业出版社出版、发行（北京海淀三里河路9号）
各地新华书店、建筑书店经销
唐山龙达图文制作有限公司制版
北京君升印刷有限公司印刷

*

开本：787毫米×1092毫米 1/16 印张：12¾ 字数：315千字
2021年8月第一版 2021年8月第一次印刷
定价：**48.00**元

ISBN 978-7-112-26365-3
(37741)

编审委员会

编写委员会

主　编： 范幸义　刘敬疆

副主编： 张旭东　熊小狮　张海鹰　邵高峰

编　委： 刘珊珊　张澜沁　向以川　张勇一　王颖佳
张利君　戚甫社　仇多宏　沈　焱　刘甲铭

审查委员会

董石麟　陈志华　刘志诚　李心霞　王　智　刘定荣
吕　辉　王　茜　陈喜旺

编写单位

主编单位： 重庆建筑科技职业学院
住房和城乡建设部科技与产业化发展中心

参编单位： 北新房屋有限公司
北京定荣家科技有限公司
唐山冀东发展燕东建设有限公司
合肥国瑞集成建筑科技有限公司
西藏藏建科技股份有限公司
徐州中煤汉泰建筑工业化有限公司

序

“万丈高楼平地起”，是人类数万年来对于改变自然原貌、打造理想居所的绮梦，放在当今建筑工业化大发展的今天，这句话则更具破空而来的别样意味。

“十九天造57层高楼”“像搭积木一样造房子”“没有脚手架、没有砂石、没有多余的建筑垃圾和污水，空气里更闻不到丝毫尘土的味道，而数幢建筑却在静悄悄地不断成长……”

这些比喻和描述是行业中人给予装配式建筑最贴切的阐述和最热切的期待。

2016年9月30日，国务院办公厅印发了《关于大力发展装配式建筑的指导意见》，装配式建筑成为建造方式的重大变革，是推进供给侧结构性改革和新型城镇化发展的重要举措。但不容忽视的是，装配式建筑在国内爆发式增长和对传统建筑施工颠覆性改革，使建筑设计师、监理工程师等中高端人才及制造、安装施工技术工人出现短缺。装配式建筑人才匮乏困境，俨然成为整个产业发展的“卡脖子”问题。各地装配式建筑产业发展面临操作工人普遍缺乏专业知识、技术和技能，人才后劲不足的困境。

2017年3月，住房和城乡建设部印发的《“十三五”装配式建筑行动方案》明确提出：依托相关的院校、骨干企业和公共实训基地，设置装配式建筑相关课程，建立若干装配式建筑人才教育培训基地。

这对肩负培养面向生产、建设、服务和管理一线所需高技能人才的使命的高等职业教育，提出了明确要求。经过装配式建筑产业培训的学生，不仅要具有专业理论知识，更应具备与岗位相适应的职业能力与素质。但是当下，装配式建筑所需后备人才的培养在各高校刚刚起步，一个系统性、专业性的培训教材则成为培养产业后备人才的前提和基础条件。

产业培训，课程为先。通过有体系、有深度的教材编写和课程设置，可以提升装配式建筑教学质量，更好地培养基本知识扎实、实战能力强的产业创新应用型人才，更好地为地方建筑产业发展与社会事业发展服务，为装配式人才培养提供基础保障、为建筑产业转型升级提供有力保障。

本书不试图囊括大而全的学科知识，紧抓最深刻的政策解读、最权威的官方解释；不试图偏重某种结构体系或施工工法，而是展现最开放的技术思路、最切实的实战办法。

天下之治者在人才，成天下之才者在教化。本部教程，是一个产业人才培养的新机，更是一个新型建造产业持久发展的奠基。让我们共同“积力之所举，众智之所为”，让本书成为开启我国装配式人才库的金钥匙，携广大学子共同迎接建筑工业化、产业现代化的光明未来。

是为序。

中国工程院院士 董石麟

前言

技术工人队伍是支撑中国制造、中国创造的重要力量，为推动经济高质量发展提供强有力支撑。必须要高度重视技能人才工作，大力弘扬劳模精神、劳动精神、工匠精神，激励更多劳动者特别是青年一代走技能成才、技能报国之路，培养更多高技能人才和大国工匠，为全面建设社会主义现代化国家提供有力人才保障。提高职业技能是促进中国制造和服务迈向中高端的重要基础，要加大职业技能培训力度，优化整合各类教育培训资源，发挥企业、教育培训组织和各类商会、协会、社区组织等主体的作用，加强对进城务工人员、未就业大学生、退役军人、失业人员等群体的培训，有效增加高技能人才供给。

为推动建筑领域高质量发展，国务院出台了《关于大力发展装配式建筑的指导意见》。目前全国装配式建筑新建达到10多亿平方米，仅2019年新开工装配式建筑就有4亿多平方米。装配式建筑是未来新建建筑的一种重要建造方式。

随着我国经济建设的大规模进行，建筑业迅速发展，产值规模不断扩张。以2018年为例，全国建筑业完成总产值23.5万亿元，上缴税收7624亿元，是国民经济的重要支柱产业。我国现有建筑企业10万余家，从业人员5500多万人，据不完全统计，建筑业进城务工人员占全部进城务工人员比例为13.31%，建筑业内进城务工人员约为3200万人[1]。但总体而言，建筑工人都缺乏系统的技能培训，造成建筑行业高质量发展缺乏必要的技术保障。建筑行业急需装配式建造的技术工人、高技能人才甚至大国工匠，需要建立产业工人、工匠的培训体系和教育制度。

我国产业技术的教育培训历史悠久，从宋朝起就有专门培训建筑建造的《营造法式》。中华人民共和国成立之后，建设行业也有面向各工种的技能培训教程，如《油漆工技能培训教程》等，但就新兴的装配式建筑建造，目前还没有真正面向装配式建筑产业工人的培训教程。

本教程在住房和城乡建设部科技与产业化发展中心的主持和指导下，以重庆建筑科技职业学院为主，汇集生产、科研、施工等相关单位，编制完成了《装配式建筑施工工匠培训教程》。

本教程共有9章，主要包括4部分内容：第一部分是装配式建筑基础知识的感知认识，包括第1章装配式建筑概论、第2章装配式建筑设计方法、第3章装配式建筑结构体系、第4章装配式建筑全产业链组织管理；第二部分是装配式混凝土结构建筑、装配式钢结构建筑的施工工法的介绍和说明，包括第5章装配式建筑PC结构施工工法、第6章装配式建筑钢结构施工工法；第三部分是对产业工人和技术工匠应具备的能力和职业素养的

[1] 《中国统计年鉴2007》。

要求，包括第7章装配式建筑工匠应具备的能力、第9章职业人文素养；第四部分是实际操作，包括第8章实训。本教程原则上是面向即将从事装配式建造施工的人员，尤其是进城务工人员，是要将他们培育成产业工人和大国工匠。教程的第三、第四部分是本教程的特色，目标明确、方法科学、实施可行。本教程的实施和应用，将对建筑行业新兴职业（工种）建筑工人的培养、高技能人才的供给以及提高和保证建筑品质起到重要的作用。

目录

第1章

装配式建筑概论

装配式建筑是一项“系统工程”，是建筑行业转型、升级，建筑产业现代化发展的具体体现，其是多学科交叉、多专业融合的知识。装配式建筑所采用的技术：计算机云端信息技术、BIM技术、VR技术、智能化生产技术及相关专业技术。

装配式建筑建设目标：从一般建筑到绿色建筑，从绿色建筑到生态城市。

建筑是人们日常生活及各种活动的空间，人们随处可见的建筑工地上，建筑管理者和建筑工人正忙着修建“房子”——建筑物。在传统的理念中，建筑是在工地上建造起来的。随着建筑行业的转型、升级和建筑产业现代化发展的需要，人们必须要转变对建筑的理念认识，建筑可以从工厂中生产（“制造”）出来。也就是集成化建筑——装配式建筑的理念。本章将从装配式建筑的发展过程来展示装配式建筑的发展历史。

1.1 装配式建筑的由来

目前，人们对装配式建筑的认知甚少，其中也包括不少建筑行业的专业人员。面对建筑行业的转型、升级和建筑产业现代化发展的需要，2016年国家对装配式建筑提出的目标及任务，人们都应该对装配式建筑有一个全面的了解和认知。

1.1.1 装配式建筑的起源

关于装配式建筑的起源，中国人最有发言权。追根求源，中国古建筑基本都是木结构建筑，而中国的木结构建筑就是装配式建筑的起源建筑。中国古建筑建造时分为构件制作场地（工厂）和建筑装配场地（工地）。所有建筑构件都在工场制作，制作的构件有柱、枋（梁）、雀枋（短梁和装饰梁）、斗栱（横向梁和主柱挑出以承重）、隔扇（门、窗、墙）、门槛（上门槛、中门槛、下门槛）、檩子、檐和飞檐、栏杆、台基等。当构件制作完成后，将构件运到施工现场进行装配。装配前先建好一个台基（施工现场）、在台基上进行建筑的装配。

中国古建筑不但是真实的装配式建筑，在构件设计制作时还采用了现代装配式建筑设计理念，是集建筑、结构、装饰为一体的集成化设计。下面来看一个庙宇的建造过程：先制作建筑构件，制作时融入集成化设计的概念（构件的用途、大小、颜色、花纹）。为了真实地重现中国古建筑建造过程，在计算机上把古建筑的各种构件做成真实三维图（按具体尺寸）。制作的枋、雀枋、斗栱、隔扇、栏杆等构件如图 1-1～图 1-8 所示。

需要说明的是，斗栱部件是由很多小的斗栱构件组成的，隔扇上部可以开窗，带装饰格的可以当墙，也可以当门。不带装饰格的可以作山墙。

图 1-1　斗栱部件图

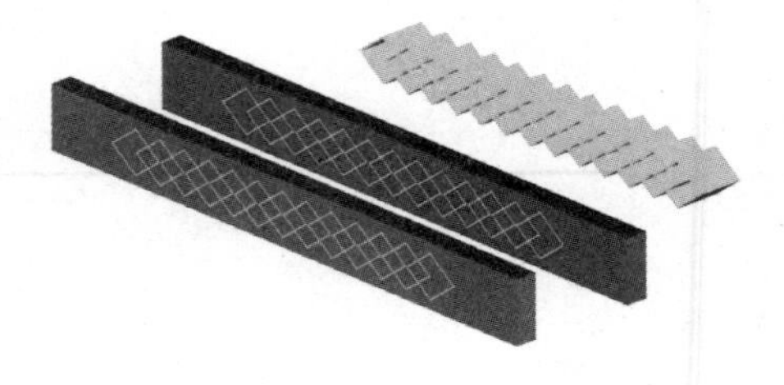

图 1-2　带装饰的枋构件图 1

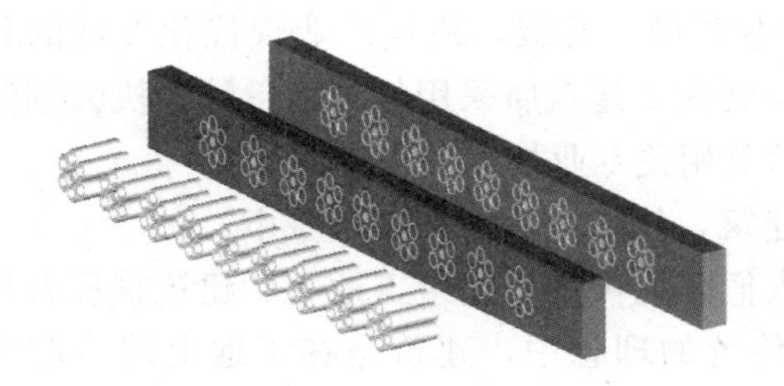

图 1-3　带装饰的枋构件图 2

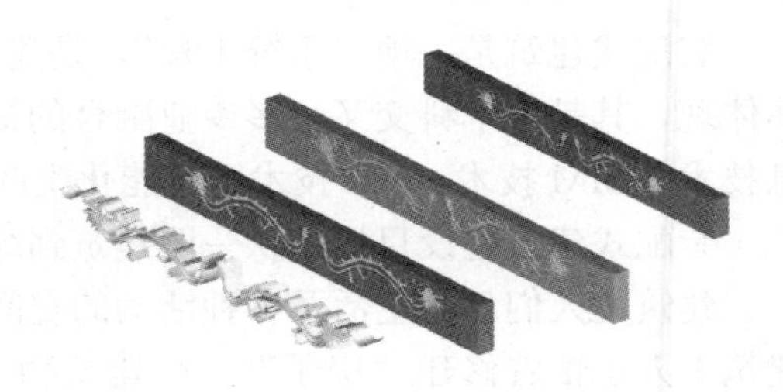

图 1-4　带装饰的枋构件图 3

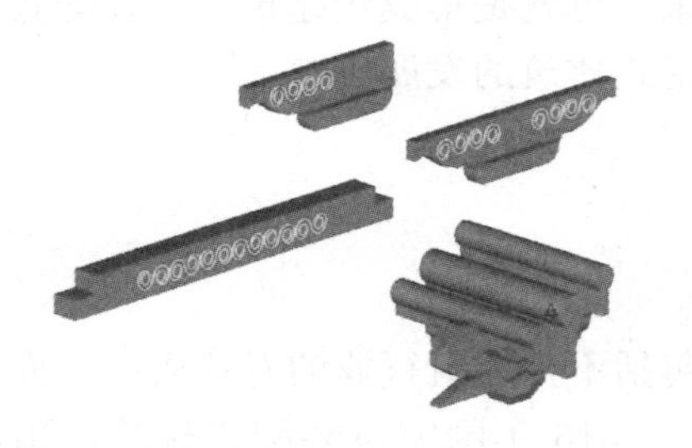

图 1-5　雀枋，斗栱构件图

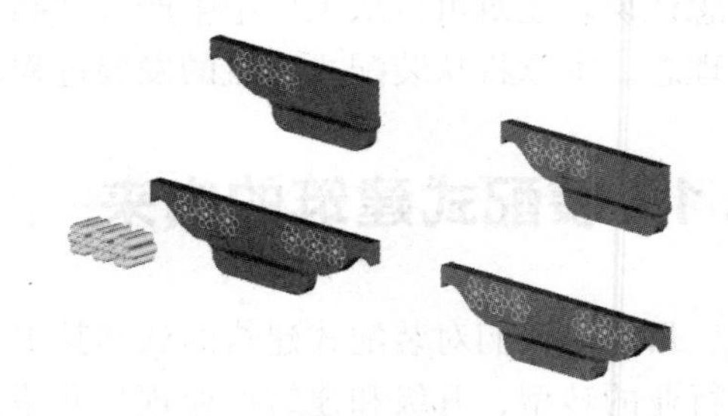

图 1-6　带装饰的雀枋构件图

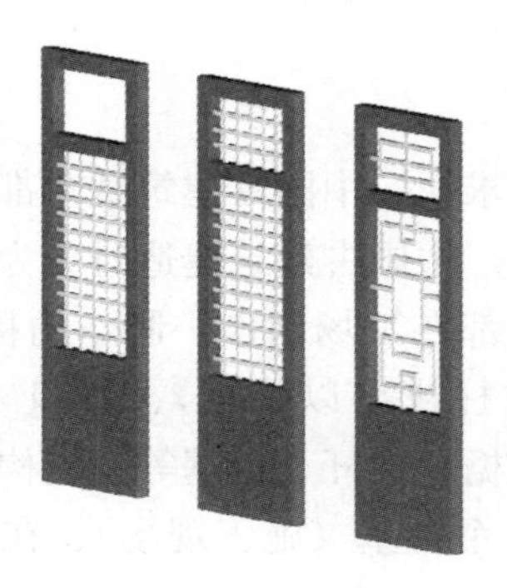

图 1-7　隔扇构件图

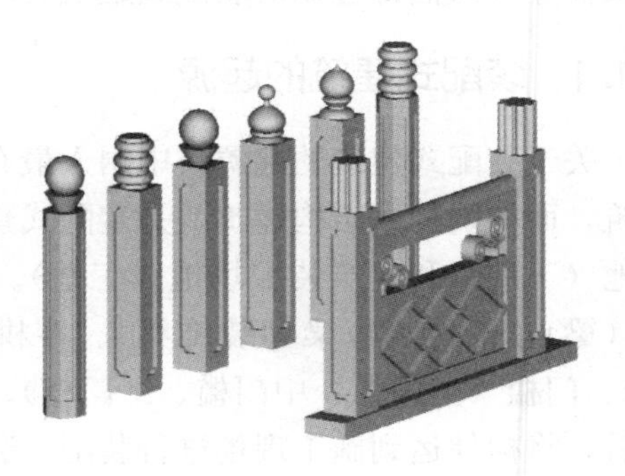

图 1-8　栏杆构件及部件图

建筑构件做好了，在计算机上把构件装配起来组成一个古建筑。先做一个台基，作为古建筑的地基，在地基上装配古建筑。先做一些石鼓作为柱子的基础，一柱一鼓（相当于柱下独立基础）。把柱、枋（梁）连接（采用榫锚连接——装配方法），做成梁架。梁架又分为三架梁、五架梁、七架梁。台基和梁架如图 1-9 和图 1-10 所示。

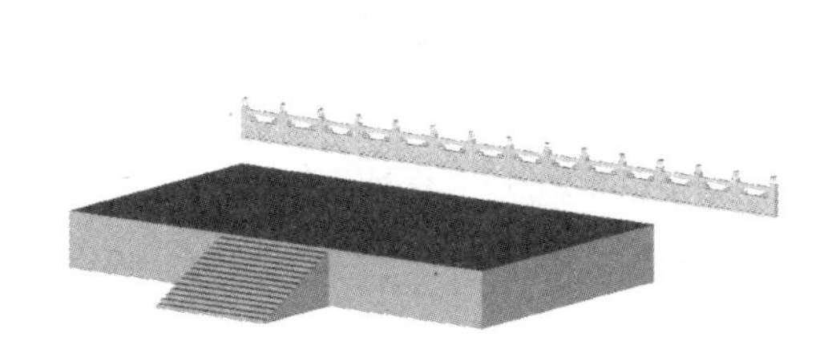

图 1-9 台基图

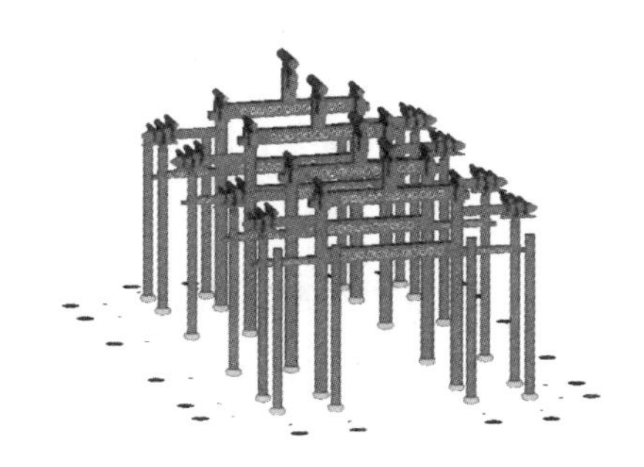

图 1-10 古建筑梁架图

为了装配纵向梁，图 1-10 中在柱顶装配了斗栱。在此基础上装配纵向梁（檩子）和形成屋面的檐子，如图 1-11 和图 1-12 所示。

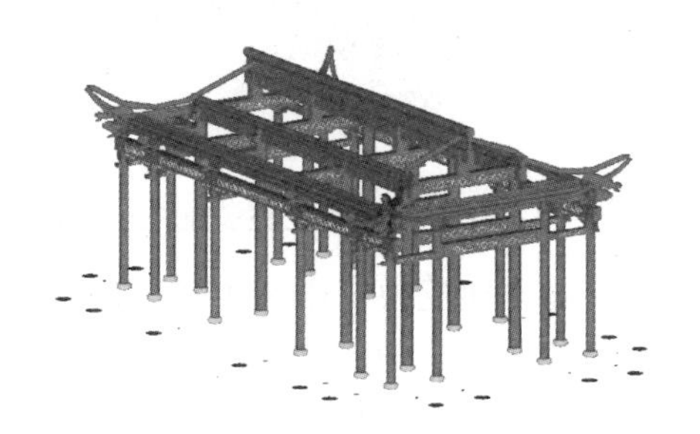

图 1-11 装配纵向梁（领子）图

图 1-12 装配檐子形成屋面图

屋面的瓦由土窑烧制，瓦分为阴瓦、阳瓦和脊瓦。瓦制作先成型，再涂上彩釉烧制后就成了防水性能好且非常美观的琉璃瓦。屋面及屋面瓦的局部放大图如图 1-13 和图 1-14 所示。

图 1-13 屋面局部放大图

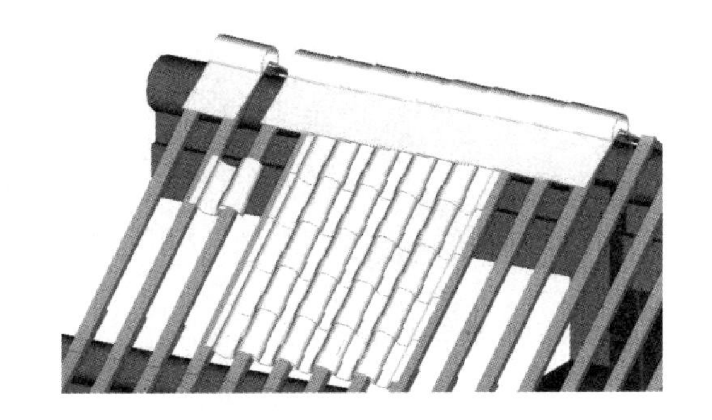

图 1-14 屋面瓦局部放大图

屋面装配完成后，就可以装配隔扇，形成墙、门和窗，装配成较为完整的古建筑，如图 1-15 和图 1-16 所示。

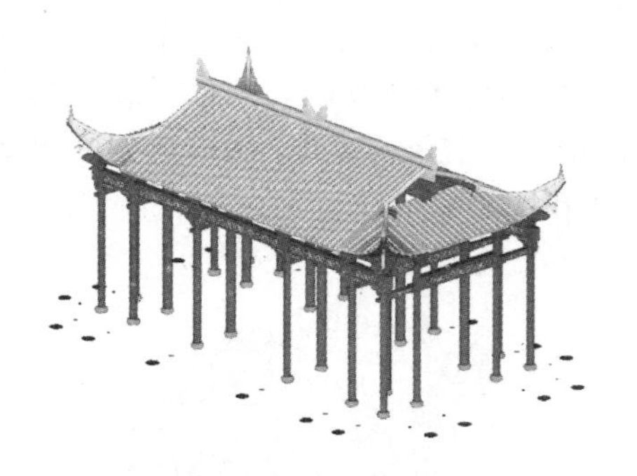

图 1-15　装配屋面图

图 1-16　装配隔扇图

最后，在台基上装配好栏杆，一栋古建筑就装配完成了，如图 1-17 和图 1-18 所示。

图 1-17　古建筑装配图

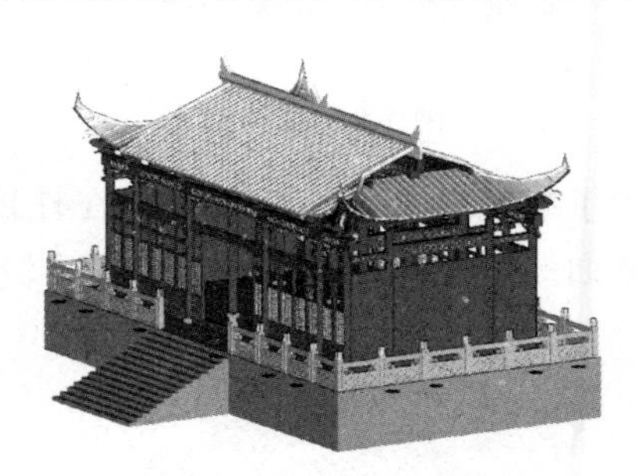

图 1-18　古建筑完整装配图

通过以上计算机对中国古建筑的真三维仿真过程，真实地反映了中国古代装配式建筑的制造过程。为了保证建筑的规范性，清代由国家层面出台了“建筑通则”，规定了古建筑的开间、进深及木材的选用（结构设计），规定了构件的尺寸选用法则，形成了“建筑设计规范”。因此，清代“建筑通则”就是当时的建筑设计规范。

关于国外装配式建筑的起源，可以追溯到古埃及的金字塔建筑，其用石料构成，先把原生石料进行人工加工，制成金字塔的石料构件（长、宽、高尺寸不同的构件），再在选定的地方（场地）进行装配，最后形成完整的金字塔建筑。如图 1-19 和图 1-20 所示。

图 1-19　古埃及金字塔建筑图 1

图 1-20　古埃及金字塔建筑图 2

1.1.2　装配式建筑的概念

装配式建筑的概念很清晰，即建筑经过设计（建筑、结构、给水排水、电气、设备、装饰）后，由工厂对建筑构件进行产业化生产，生产后的建筑构件运到指定地点（工地）进行装配，组装完成整个建筑，如图 1-21 所示。

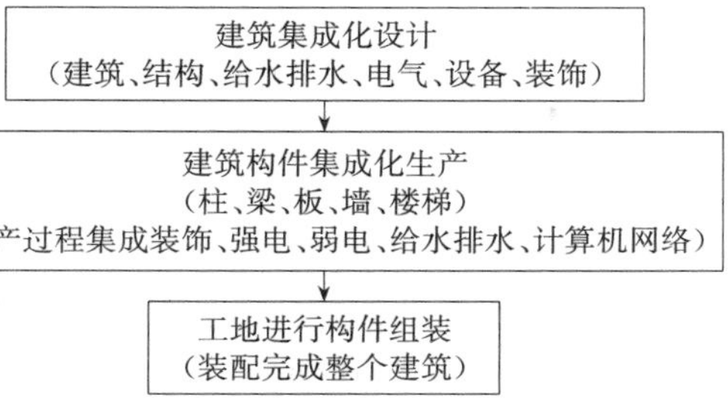

建筑集成化设计
（建筑、结构、给水排水、电气、设备、装饰）
↓
建筑构件集成化生产
（柱、梁、板、墙、楼梯）
（生产过程集成装饰、强电、弱电、给水排水、计算机网络）
↓
工地进行构件组装
（装配完成整个建筑）

图 1-21 装配式建筑概念图

装配式建筑总的分为两部分，一部分是构件生产，另一部分是构件组装。因此，建筑行业的转型就是建筑构件向产业化方式转型，施工方式向集成化方式转型。装配式建筑的构件生产和现场组装如图 1-22～图 1-25 所示。

图 1-22 构件生产图

图 1-23 构件集团化生产图

图 1-24 构件现场组装图

图 1-25 钢结构组装图

1.2 装配式建筑的发展

1851 年伦敦建成的用铁骨架嵌玻璃的水晶宫是世界上第一座大型装配式建筑。第二次世界大战后，欧洲国家以及日本等房荒严重，迫切要求解决住宅问题，促进了装配式建筑的发展。到20世纪60年代，装配式建筑得到大量推广。

1.2.1 国外的发展

西方发达国家的装配式住宅经过几十年甚至上百年的时间，已经发展到了相对成熟、完善的阶段。日本、美国、澳大利亚、法国、瑞典、丹麦是最具典型性的国家。各国按照各自的经济、社会、工业化程度、自然条件等特点，选择了不同的道路和方式。

日本是率先在工厂中批量生产住宅的国家；美国注重住宅的舒适性、多样性、个性化；法国是世界上推行工业化建筑最早的国家之一；瑞典是世界上住宅装配化应用最广泛的国家，其80%的住宅采用以通用部件为基础的住宅通用体系；丹麦发展住宅通用体系化的方向是"产品目录设计"，是世界上第一个将模数法制化的国家。这些国家的经验都为我国装配式住宅的发展提供了借鉴。

1. 日本的发展

日本于1968年就提出了装配式住宅的概念。1990年推出采用部件化、工业化生产方式、高生产效率、住宅内部结构可变、适应居民多种不同需求的中高层住宅生产体系。在推进规模化和产业化结构调整进程中，住宅产业经历了从标准化、多样化、工业化到集成化、信息化的不断演变和完善过程。日本政府强有力的干预和支持对住宅产业的发展起到了重要作用：通过立法来确保预制混凝土结构的质量；坚持技术创新，制定了一系列住宅建设工业化的方针、政策，建立统一的模数标准，解决了标准化、大批量生产和住宅多样化之间的矛盾。如图1-26～图1-29所示。

图1-26　日本装配式建筑构件生产图

图1-27　日本装配式建筑施工图1

图1-28　日本装配式建筑施工图2

图1-29　日本装配式建筑图

2. 美国的发展

美国装配式住宅盛行于20世纪70年代。1976年，美国国会通过了国家工业化住宅建造及安全法案，同年出台一系列严格的行业规范标准，一直沿用至今。除注重质量外，美国现在的装配式住宅更加注重美观、舒适性及个性化。据美国工业化住宅协会统计，截至2001年，美国的装配式住宅已经达到了1000万套，占美国住宅总量的7%。在美国，大城市住宅的结构类型以混凝土装配式和钢结构装配式住宅为主，在小城镇多以轻钢结构、木结构住宅体系为主。在20世纪70年代能源危机期间开始实施配件化施工和机械化生产。美国城市发展部出台了一系列严格的行业标准规范，一直沿用至今，并与后来的美国建筑体系逐步融合。美国城市住宅结构基本上以工厂化、混凝土装配式和钢结构装配式为主，降低了建设成本，提高了工厂通用性，增加了施工的可操作性。

总部位于美国的预制与预应力混凝土协会PCI编制的《PCI设计手册》，其中就包括了装配式结构相关的部分。该手册不仅在美国，而且整个国际上也是具有非常广泛的影响力的。从1971年的第一版开始，目前《PCI设计手册》已经编制到了第7版，该版手册与IBC 2006、ACI 318-05、ASCE 7-05等标准协调。除了《PCI设计手册》外，PCI还编制了一系列的技术文件，包括设计方法、施工技术和施工质量控制等方面。美国的装配式建筑如图1-30和图1-31所示。

图1-30　美国装配式建筑图1

图1-31　美国装配式建筑图2

3. 德国的发展

德国的装配式住宅主要采取叠合板、混凝土、剪力墙结构体系，采用构件装配式与混凝土结构，耐久性较好。德国是世界上建筑能耗降低幅度最快的国家，近几年更是提出发展零能耗的被动式建筑。对低能耗被动式建筑，德国都采取了装配式住宅来实施，装配式住宅与节能标准相互之间充分融合。德国装配式图如图1-32～图1-35所示。

图1-32　德国装配式建筑图1

图1-33　德国装配式建筑图2

图 1-34　德国装配式建筑图 3

图 1-35　德国装配式建筑图 4

4. 澳大利亚的发展

澳大利亚以冷弯薄壁轻钢结构建筑体系为主，发展于 20 世纪 60 年代，这种体系主要由博思格公司开发成功并制定相关企业标准。该体系以其环保和施工速度快、抗震性能好等显著优点被澳大利亚、美国、加拿大、日本等广泛应用。以澳大利亚为例，其钢结构建筑建造量大约占全部新建住宅的 50%。澳大利亚装配式建筑如图 1-36～图 1-39 所示。

图 1-36　澳大利亚装配式建筑图 1

图 1-37　澳大利亚装配式建筑图 2

图 1-38　澳大利亚装配式建筑图 3

图 1-39　澳大利亚装配式建筑图 4

1.2.2　国内的发展

我国正大力推广装配式建筑，《中共中央　国务院关于进一步加强城市规划建设管理工作的若干意见》提出，要大力推广装配式建筑，减少建筑垃圾和扬尘污染，缩短建造工期，提升工程质量；制定装配式建筑设计、施工和验收规范；完善部品部件标准，实现建筑部品部件工厂化生产；鼓励建筑企业装配式施工，现场装配。建设国家级装配式建筑生产基地，并提出建筑八字方针“适用、经济、绿色、美观”，力争用10年左右时间，使装配式建筑占新建建筑的比例达到30%。

建筑工业化发展除了科技创新，还需要管理流程的创新，包括设计流程、建造流程和政府监督流程等。致力于建筑工业化发展的卫德研究院指出，住宅产业化工艺设计需要在满足产品生产要求的前提下合理进行PC厂房生产布局，合理进行人流路线、物料运输和仓储设施的配置和布置，同时还需要满足住宅产业化预制构件生产要求和产品生产工艺要求。并提出，剪力墙结构住宅建筑设计，首先要做好技术策划，通过技术策划实现提效和减负的目标。

上海城建集团于2011年成立了预制装配式建筑研发中心，以高预制率的”框剪结构”及”剪力墙结构”为主，拥有“预制装配住宅设计与建造技术体系”“全生命周期虚拟仿真建造与信息化管理体系”和“预制装配式住宅检测及质量安全控制体系”三大核心技术体系。该集团建立了国内首个“装配式建筑标准化部件库”；实行BIM信息化集成管理，已实现了利用RFID芯片，以PC构件为主线的预制装配式建筑BIM应用构架的建设工作，并在构件生产制造环节进行了全面的应用实施。目前该中心已制定的标准有《上海城建PC工程技术体系手册》(设计篇、构件制造篇、施工篇)、上海市《装配整体式混凝土住宅体系施工、质量验收规程》、上海市《预制装配式保障房标准户型》。中南建筑NPC事业部成立了国家级“可装配式关键部品产业化技术研究与示范”生产基地，NPC技术(全预制装配楼宇技术)是一种新型混凝土结构预制装配技术。该技术用于解决装配式混凝土结构上下层竖向预制构件之间的钢筋连接。行业标准《装配式混凝土结构技术规程》将之定义为装配式混凝土结构钢筋浆锚连接技术。在已完工程中经专家鉴定测算，整体预制装配率达到90%以上，每平方米木模板使用量减少87%，耗水量减少63%，垃圾产生量减少91%，并避免了传统施工产生的噪声，技术达到国内领先水平。

远大住宅工业有限公司(简称远大住工)是国内第一家以“住宅工业”行业类别核准成立的新型住宅制造企业，是我国唯一一家综合性的“住宅整体解决方案”制造商。远大住工PC(预制混凝土构件)的全生命周期绿色建筑，与传统建筑相比，具有节水、节能、节时、节材、节地、环保的“五节一环保”特点。2012年推出第五代集成住宅(BH5)，运用当今世界最前沿的PC(预制混凝土构件)、应用开放的BIM技术平台，建立健全并丰富和发展了工业化研发体系、设计体系、制造体系、施工体系、材料体系与产品体系，具有质量可控、成本可控、进度可控等多项技术优势。中国装配式建筑如图1-40～图1-48所示。

图1-40　国内集装箱结构装配式建筑图

图1-41　国内剪力墙结构装配式建筑图

图 1-42　国内框架结构装配式建筑图 1

图 1-43　国内框架结构装配式建筑图 2

图 1-44　国内全钢结构装配式建筑图

图 1-45　国内轻钢结构装配式建筑图 1

图 1-46　国内轻钢结构装配式建筑图 2

图 1-47　国内木结构装配式建筑图 1

图 1-48　国内木结构装配式建筑图 2

第 2 章

装配式建筑设计方法

装配式建筑设计从设计概念上说，应该和建筑工程设计的传统概念是一致的。设计包括规划、建筑、结构、给水排水、电气、设备和装饰。从设计流程上分为方案设计、初步设计和施工图设计。装配式建筑设计的原理和传统设计是相同的，但由于装配式建筑的构件是从工厂生产，工厂生产必须有一定的规模，构件是从生产线生产的，所以构件要标准化。因此，装配式建筑设计实际上和传统的建筑设计有很大的区别。传统建筑设计是按建筑工种分别设计后再作工种设计之间的协调，而装配式建筑设计是把工种设计进行集成，进行统一的集成化设计，从而为装配式建筑的构件集成化生产奠定基础。装配式建筑是集成化设计，构件是集成化规模生产。这是装配式建筑设计的基本原则。

2.1 建筑设计

装配式建筑设计和传统的建筑设计的理念是一样的。当建筑规划设计完成后，根据设计要求来进行建筑设计。先进行建筑方案设计，方案通过以后，进行建筑初步设计。在建筑初步设计的过程中，与传统设计的方法和使用的计算机软件有很大的不同。现在建筑设计都采用建筑信息化软件 BIM。BIM 是建筑信息化管理软件，包含了建筑工程的所有工程实施过程管理，装配式建筑的设计是从 BIM 软件的建筑设计模块开始的，是按装配式建筑的建造流程来实施的。

2.1.1 建筑整体设计

装配式建筑的整体建筑设计按传统的建筑设计的理念，考虑用户的需求、建筑的功能和体量、立面的美观和环境的融合度等因素。但是在作具体的平面、立面、剖面和构造详图设计时和传统的建筑设计完全不一样。一般作建筑整体设计时可以采用草图方式，先手绘建筑草图，根据草图在 BIM 软件的建筑设计模块上先作建筑构件设计，构件设计完成后，根据设计要求把构件组装成三维建筑整体模型。从而生成建筑的平面、立面和剖面图。装配式建筑的建筑设计过程示意图如图 2-1 所示。

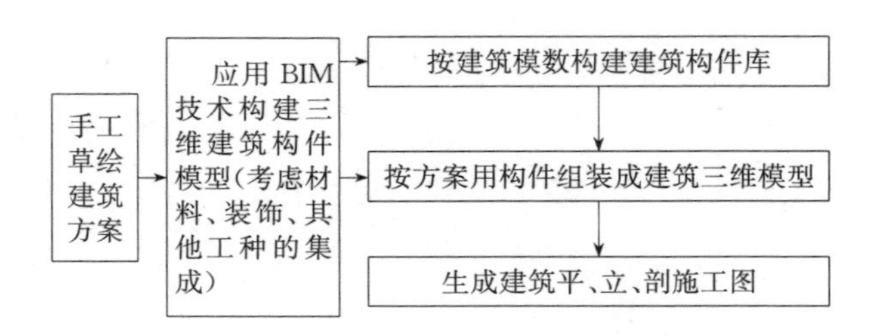

图 2-1　装配式建筑的建筑设计过程示意图

装配式建筑的模型建设是一个建筑信息模型，要包含装配体、子装配体与单个设备等有关的全部数据，都会和三维模型的数据联系在一起，包括在一个统一的建筑信息模型中，同时连装配体怎样装配以及装配的程序都会有所说明。在装配式建筑的设计过程中，又包含建筑构件设计、构件生产工艺、构件装配工艺、后期的构件维护工艺人员参加其中。通过 BIM 软件体系仿真后得到结果，直到满足需要为止。BIM 软件体系功能示意图如图 2-2 所示。

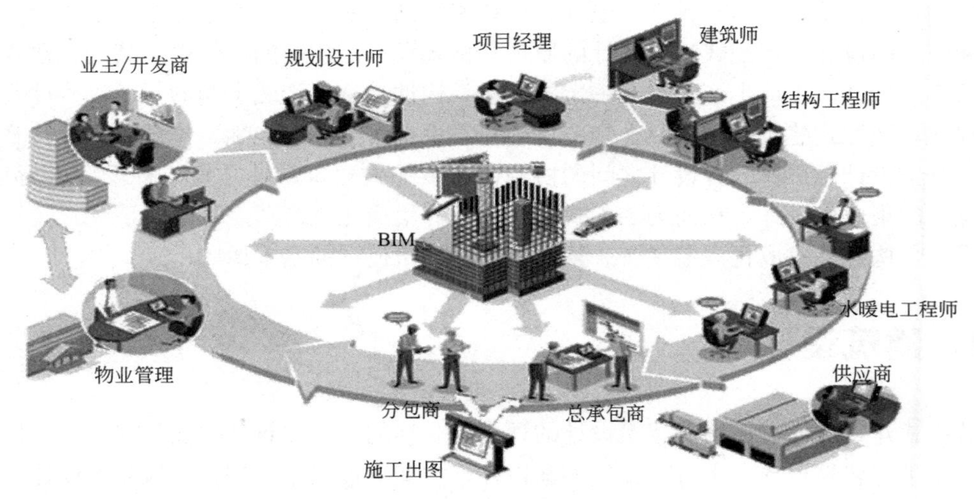

图 2-2　BIM 信息化系统功能图

1. 平面设计要点

预制装配式建筑平面设计的原则是模数协调。平面设计要对套型模块的类型与尺寸实施优化，住宅内装部品和住宅预制构件要完成通用化、规范化与系列化，增强与完善住宅产业化相配套的运用型技术，在项目资本投入降低的同时提高施工的效率和质量。在布局形式的选取上，大空间布局要优先选用，并对管井和承重墙的部位实施科学安排布置，完成灵活可变的住宅空间布局，清楚确定套内每一个功能空间的分区和布局，套内的承重墙体能经过对构造的合理选型有效减少。

2. 立面设计要点

运用系列化、规范化、模块化的套型组合特征，装配式建筑的立面设计在预制外墙板能够使用不一样的饰面材料表现出不一样的色彩与纹理变换。预制装配式建筑住宅大空间的灵活性与可变性，能经过不一样外墙组件的灵活组合，展现出工业化建筑立面效果的特征。预制装配式建筑的外墙构件，关键包含混凝土预制组件、外装饰组件、空调板、阳台、门窗等，预制混凝土剪力墙构造住宅外部组件的装饰结果能够充分发挥，让其外观设计展现立面多样化。外门窗以通风采光为基础得到满足，调整窗口大小、比例和窗框形式，灵活应用设计方法。经过调整空调、阳台的形状与部分，能够让立面可变性更大，经过装饰组件完成自由多样化的立面设计结果，充分体现了装配式建筑集成化设计的特征。装配式建筑的建筑设计如图 2-3、图 2-4 所示。

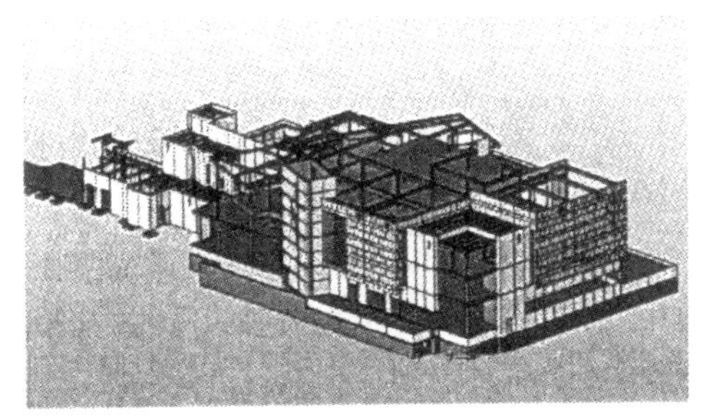

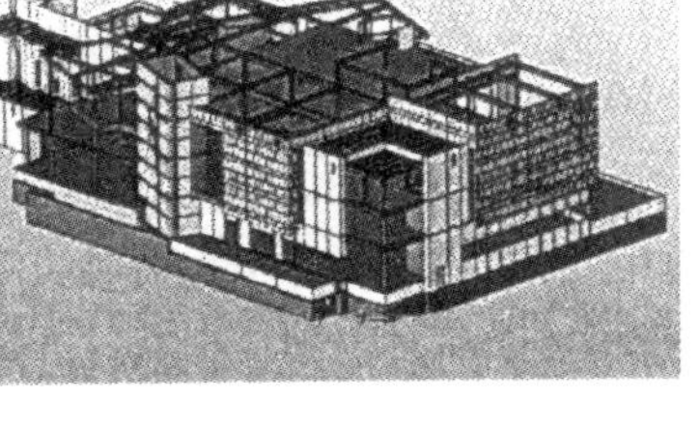

图 2-3　美国装配式 BIM 设计建筑图 1

图 2-4　美国装配式 BIM 设计建筑图 2

总结起来，装配式建筑的设计工作呈现五个方面的特征：

（1）流程精细化：预制装配式建筑的建设流程更全面、更综合、更精细，在传统设计流程的基础上，增加了前期技术策划和预制构件加工图设计两个设计阶段。

（2）设计模数化：模数化是建筑工业化的基础，通过建筑模数的控制可以实现建筑、构件、部品之间的统一，从模数化协调到模块化组合，进而使预制装配式建筑迈向标准化设计。

（3）配合一体化：在预制装配式建筑设计阶段，应与各专业和构配件厂家充分配合，装配式建筑设计从建筑主体结构、预制构件、设备管线、装饰装修一体化协同设计等方面，优化设计成果。

（4）成本精准化：预制装配式建筑的设计成果直接作为构配件生产加工的依据，并且在同样的装配率条件下，预制构件的不同拆分方案也会给投资带来较大的变化，因此设计的合理性直接影响项目的成本。

（5）技术信息化：BIM 是用信息化技术表达几何、物理和功能信息以支持项目全生命周期决策、管理、建设、运营的技术和方法。建筑设计可采用 BIM 技术，提高预制构件设计完成度与精确度。在预制装配式建筑设过程中，可将设计工作环节细分为以下五个阶段：技术策划阶段、方案设计阶段、初步设计阶段、施工图设计阶段以及构件加工图设计阶段。每个阶段的设计文档储存到电脑里，查找使用更方便。

2.1.2　建筑构件设计

装配式建筑在预制构件设计时，要坚持模数化、规范化的原则，使应用的构件种类减少，保证构件的精确化与规范化，使工程造价减少。对于预制装配式建筑中的降板、异形、开洞等位置，能够使用现浇施工形式，全面考虑到当地的构件吊装、运输与加工生产能力，而且预制构件一定要具备优良的耐火性与耐久性，预制构件设计要留意成品的安全性、生产可行性与方便性。如果预制构件尺寸相对较大，预埋吊点与构件脱模数量要合理增加，联合当地的隔热保温要求，设计合适结构的预制外墙板，使散热器与空调安装要求得到满足。对于建筑构造中的非承重内墙，尽量选取隔声性好、容易安装、自重轻的隔墙板。预制装配式建筑室内空间要灵活划分，保证主体构造与非承重隔板连接的可靠性与安全性。

预制装配式建筑内装修设计要遵循的原则是部件、装修、建筑一体化，依据有关规范要求设计部件系统，达到节能环保、安全经济的要求，同时完成集成化的部品系统，与规范的部件相符。完善构件与部品的通用性与兼容性，能经过对构件与部品接口技术、参数、公差配合的优化完成，对于装修设计所要的设备、材料和设施的应用年限，预制装配式建筑内装修设计要考虑其在不一样环境下的现实应用状况，而在装修部品方面要以适应性与可变性为主，简化后期安装应用和维护改造工作。

由于装配式建筑构件的后期生产是一个集成化生产过程，同时还是一个批量生产过程，一定要有一定数量的批量，才能有一定的经济效益。因此，装配式建筑的构件设计首先是建筑产品的标准化，即建筑物基本上是统一标准的。构件生产标准化，构件设计首先要模数化和标准化，更要集成化。

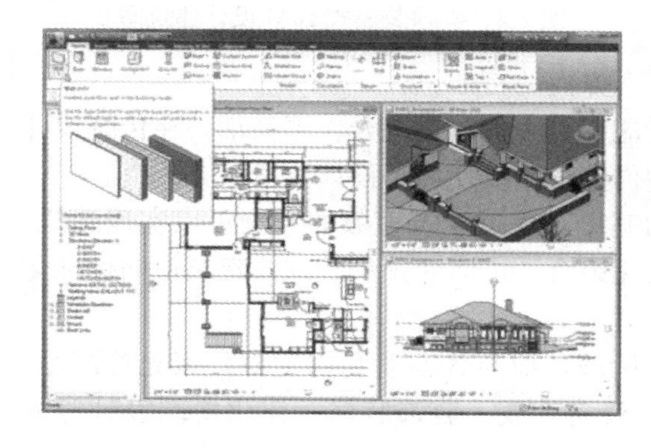

图 2-5 BIM 构件设计图 1

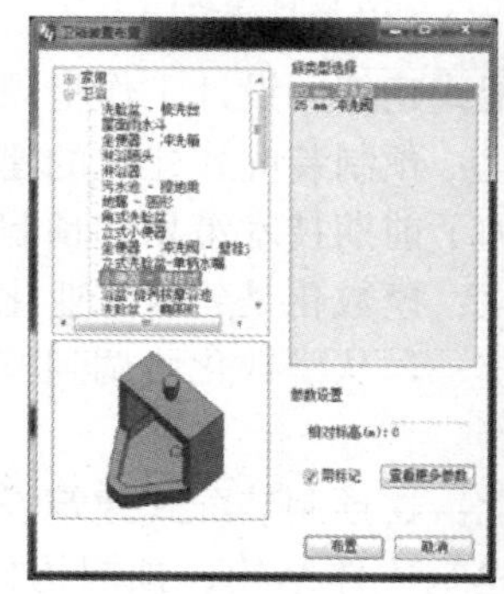

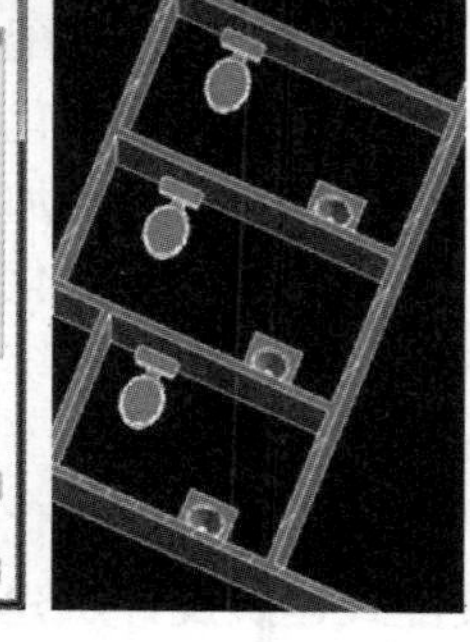

图 2-6 BIM 构件设计图 2

图 2-5 展示了装配式建筑构件集成设计的实际范例，设计的墙板构件由四层材料构成，左上角图中第 1 层是内装饰层，第 2 层是结构层，第 3 层是建筑保温层，第 4 层是外装饰层。当组装成装配式建筑的墙体时，具有建筑、外立面装饰、结构承重、节能和内装饰的功能。图 2-6 是装饰构件设计，设计完成后与建筑组装在一起，形成完整的全建筑三维模型。图 2-7 是把阳台作为建筑部件进行 BIM 设计。装配式建筑采用 BIM 技术进行建筑构件的三维设计，可以一边设计一边把构件设计子图保存起来，构建一个装配式建筑的构件库。用构件组装建筑三维模型时可以选择构件库中符合设计要求的构件，

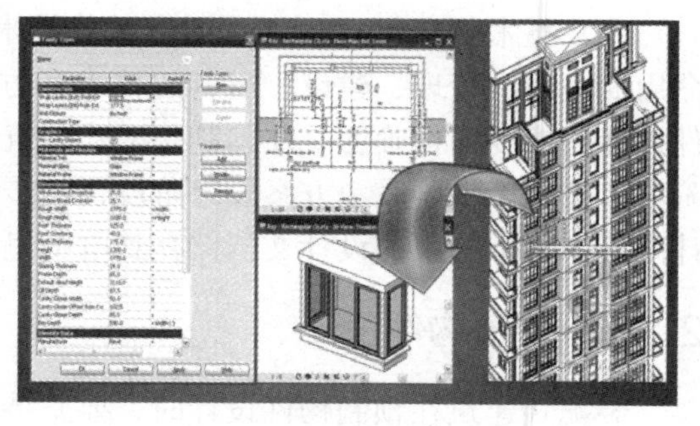

图 2-7 BIM 构件设计图 3

避免构件的重复设计。

因为我国经济发展起步晚，建设量非常大，时间又特别集中，建筑工业化还处于相对落后的状态，尽管现在装配式建筑在住宅的发展上有了部分新气象，但是还没有产生规模与气候，产业链也不是非常完善，还需要进一步促进。在学习与掌握目前的装配式建筑设计技术和其要点的同时，我国的装配式建筑设计还要与时俱进，顺应时代发展的潮流，持续突破与创新，才可以真正地体现建筑转型、升级和建筑产业现代化发展。

2.1.3 相关标准规范

装配式建筑的建筑设计可遵循相关的标准规范，整理如下：

1. 行业标准和地方标准

《装配式钢筋混凝土建筑技术规范》(在编)；

上海市《装配整体式混凝土公共建筑设计规程》DGJ-08-2154—2014。

2. 国家标准

《建筑模数协调标准》GB/T 50002—2013。

国家标准设计图集：

《装配式混凝土结构住宅建筑设计示例（剪力墙结构）》15J939-1；

《装配式混凝土结构表示方法及示例（剪力墙结构）》15G107-1；

《装配式混凝土结构连节点构造（楼盖结构和楼梯）》15G310-1；

《装配式混凝土结构连接节点构造（剪力墙结构）》15G310-2；

《预制混凝土剪力墙内墙板》15G365-1；

《预制混凝土剪力墙内墙板》15G365-2；

《桁架钢筋混凝土叠合板（60mm 厚底板）》15G366-1；

《预制混钢筋混凝土板式楼梯》15G367-1；

《预制混钢筋混凝土阳台板、空调板及女儿墙》15G368-1。

目前很多应用的是地方标准和行业标准。随着时间的推移，装配式建筑的建筑设计国家标准就可以完善。

2.2 结构设计

装配式建筑的结构设计过程中，要注意对设计方案的可行性，在确保建筑物安全性、功能性的前提下，注意能源损耗控制，通过专业、标准、精细的设计，确保设计方案更加全面、标准，达到综合效益最大化。通常，在装配式建筑结构方案设计中，首先要结合建筑物的功能需求，对其平面、户型、外观、柱网、分缝布置等进行深入分析，并提出可行性建议与要求，确保建筑物的结构高度与复杂度、不规则度能够控制在合理范围。在进行初步设计时，还要对建筑物的结构体系、建筑材料、结构布置、参数等进行合理设置，并对多种设计方案进行经济性、可行性比较，进而选出最优设计方案。同时，还要利用标准化配筋原则，进行精确计算，并对设计模型、施工方案进行调整，确保整个过程处于可控范围。

2.2.1 整体结构设计

建筑工程的结构设计应按传统的建筑结构设计理念，首先根据建筑设计的要求确定一个结构体系，结构体系包括：砖混结构、框架结构、剪力墙结构、框架—剪力墙结构、框架—核心筒结构、钢结构、木结构。当确定好结构体系后，根据结构体系估算构件的截面，包括柱、梁、墙、楼板。有了构件的截面后可以对构件加载应承担的外部荷载。对整个结构体系进行内力分析，保证结构体系中的各构件在外部荷载作用下，保持内力的平衡。在内力平衡的条件下，对构件进行强度计算，保证构件有一定的强度（钢筋混凝土构件有足够的配筋），并有一定的安全系数。为工程施工需要，绘制结构施工图（满足结构构造要求）。并对图纸进行审核，作为施工的文件。其设计流程如图 2-8 所示。

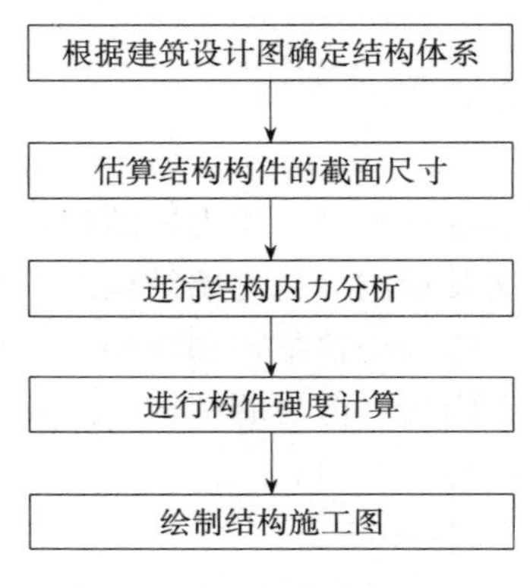

图 2-8　传统结构设计流程图

现代结构设计都要采用计算机软件来实现，手工计算是不能满足要求的。一般我国都采用中国建筑科学研究院开发的 PK、PM 系列软件来进行建筑结构设计。PK、PM 系列软件是结构设计的计算机辅助设计软件，集结构三维建模、内力分析、强度计算、计算机成图为一体的辅助设计软件，从 1992 年开始使用。

随着装配式建筑的发展，建筑信息管理系统 BIM 的实际应用，使得装配式建筑的结构设计与传统的建筑结构设计有很大的区别。传统建筑结构设计的图纸是针对施工单位（湿法施工），装配式建筑的结构设计图纸（主要是构件施工图）是针对工厂（生产构件的生产线）。为了使构件生产达到设计要求，装配式建筑的结构设计应在 BIM 平台上进行。其设计流程为：在 BIM 平台上，利用已经建立的建筑三维模型，应用 BIM 中结构设计模块对装配式建筑进行整体结构设计。在结构设计中要考虑结构优化，设计过程中可能对构件的截面尺寸和混凝土强度等级进行调整，当结构体系内力平衡和构件强度达到设计要求以后，建筑图纸也有所改变。但建筑设计无须再进行设计调整，这就是 BIM 的优势。当装配式建筑结构整体设计达到设计要求后，不按传统方法绘制施工，而是按构件深化设计要求绘制构件图。深化设计构件图被送到工厂进行构件批量生产。装配式建筑的结构设计流程如图 2-9 所示。

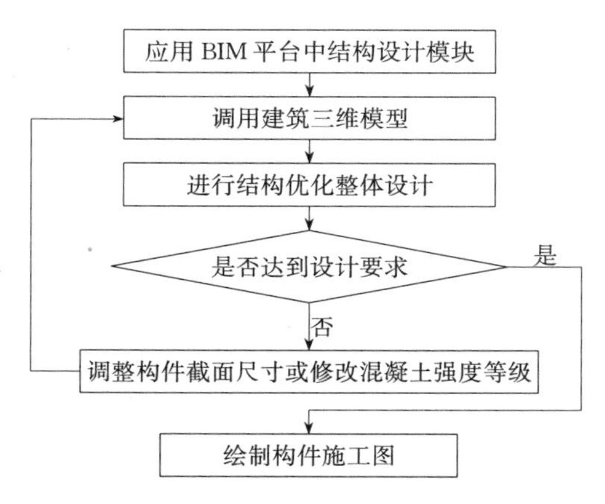

图 2-9　装配式建筑结构设计流程图

装配式建筑结构设计应用 BIM 平台操作界面图如图 2-10～图 2-12 所示。

工程概况 | 计算规则 | 楼层设置 | 锚固设置 | 计算设置 | 搭接设置 | 标高设置 | 箍筋设置

墙：剪力墙、洞、连梁、暗梁、过梁、砖墙

	参数	值
1	起始水平分布筋距楼面的距离	50
2	起始竖向钢筋位置距柱边	50
3	基础单边水平附加钢筋	2
4	纵向钢筋伸入基础底板的弯折长度	按设置
5	剪力墙基础底部保护层	70
6	剪力墙顶部保护层	70
7	是否扣除暗梁处水平钢筋	否
8	钢筋弯钩型式	手工斜弯钩(135)
9	中间层变截面时上部插筋锚固长度	1.5*LAE
10	中间层钢筋变截面时的弯折长度	15*D
11	顶层纵筋伸入屋面板或楼板内	节点一
12	顶层无关联构件时，纵向钢筋弯折长度	B-2*BHC
13	纵向钢筋采用绑扎时两搭接距离	500
14	纵向钢筋采用绑扎时连接点离楼面高	0

柱　梁　板　板筋　基础　筏板筋　其它构件

导入属性(I)　导出属性(O)　恢复默认值(R)　确定　取消

图 2-10　BIM 结构设计界面图 1

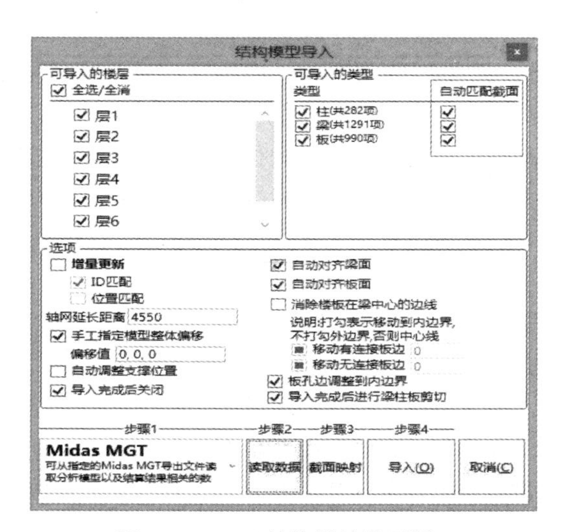

图 2-11　BIM 结构设计界面图 2

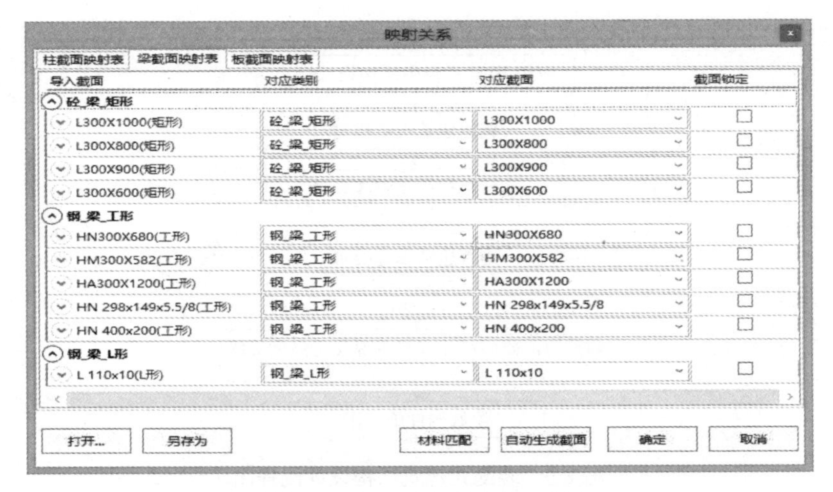

图 2-12　BIM 结构设计界面图 3

2.2.2　构件结构设计

装配式建筑构件的优点是众所周知的，它不仅是建筑施工工业化的标志，同时也为降低成本、节能减排做出不少贡献。近年来，混凝土预制构件在轨道交通中广为应用，在房屋建筑中的需求量也逐渐增加。2010 年，为推动住宅产业化与节能减排，北京市开展了多个混凝土预制品的住宅试点项目。

虽然行业前景不错，但混凝土预制品行业仍存在不足，根据北京市混凝土预制构件行业发展规划，其发展面临三个问题：第一，总体产能过剩，开工不足。第二，非高端产品技术水平不高，产品质量差。第三，粉煤灰、砂、石等原料供应紧张。这种现象与该行业的生产模式及经济秩序是分不开的。虽然很多构件厂已具备相应的技术条件，但由于其与设计、施工单位联系不够紧密，没有良好的衔接管理模式，所以造成他们不能经济高效地参与到新型项目中，制约了其实现生产一体化。

通常来讲，现有混凝土预制构件设计体系有如下两种；

（1）设计单位从构件厂已生产的预制构件中挑选出满足条件的来使用；

（2）设计单位根据需求向构件厂定制混凝土构件。

但这两种方式都存在很多不足。首先，构件厂与设计单位沟通困难，联系不够紧密。国内大部分设计师设计时并没有充分考虑预制构件的因素，从而不能设计出好的预制装配式建筑作品，也就不能很好地利用已生产的构件类型，同时也从需求上限制了构件的生产。其次，广大构件厂并没有具备深化设计的能力，没有大量投入到科技研发中，新品开发速度缓慢，造成了他们不能满足设计单位的定制要求，也影响了经济效益。

应用 BIM 技术，可以全方位解决装配式建筑的构件生产问题。它不仅提供了新的技术，更提出了全新的工作理念。BIM 可以让设计师在设计 3D 图形时就将各种参数融合其中，比如物理性能、材料种类、经济参数等，同时在各个专业设计之间共享模型数据，避免了重复指定参数。BIM 模型可以用来进行多方面的应用分析，如结构分析、经济指标分析、工程量分析、碰撞分析等。虽然目前在国内 BIM 的应用仍以设计为主，但实际上它的最大价值在于可以应用到构件的设计、生产、运营的整个周期，起到优化、协同、整合作用。

（1）构件设计：遵守现行国家标准《建筑结构荷载规范》GB 50009、《混凝土结构设计规范》GB 50010（2015 年版）和现行行业标准《装配式混凝土结构技术规程》JGJ 1 的规定，参考国家标准图集 15G365、15G366 等的要求。

（2）节点连接：剪力墙与填充墙之间采用现浇约束构件进行连接。剪力墙纵向钢筋采用“套筒灌浆连接”，I 级接头。预制叠合板与墙采用后浇混凝土连接。

（3）构件配筋：将软件计算及人为分析干预计算后的配筋结果进行钢筋等量代换，作为装配式混凝土预制构件的配筋依据。

（4）构件设计：根据建筑结构的模数要求，对结构进行逐段分割。其中外墙围护结构划分出由“T”“一”“L”节点连接的外墙板节段。内墙分隔结构划分出由“T”“一”节点连接的内墙板节段。其中走廊顶设置过梁。卫生间阳台采用降板现浇设计。装配式结构设计规划完成后，对原建筑外形进行重新修正，使建筑图符合结构分割需要。

（5）建立族库：根据预制构件所采用的钢筋型号、各类辅助件具体设计参数，建立各类钢筋和预埋件族库，方便建模时插入使用。例如：钢筋连接套筒、三明治板连接件、吊钉、内螺旋、线盒等。

（6）建立构件模型：有单向叠合板、双向叠合板、三明治剪力墙外墙板、三明治外墙填充板、内墙板、叠合梁、楼梯、外墙转角、空调板，共九种类型的预制板。

装配式建筑的构件设计是在结构整体设计的基础上，经过内力分析和强度计算（配筋计算），各结构构件已经有了配筋结果，可以送到工厂进行生产。装配式建筑的构件设计如图 2-13～图 2-18 所示。

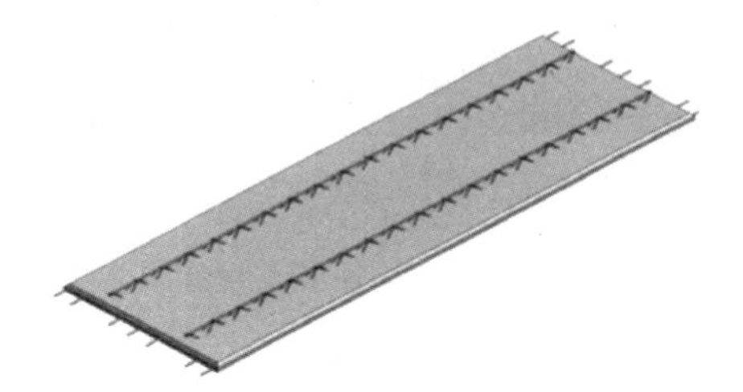

图 2-13　BIM 构件设计图 1

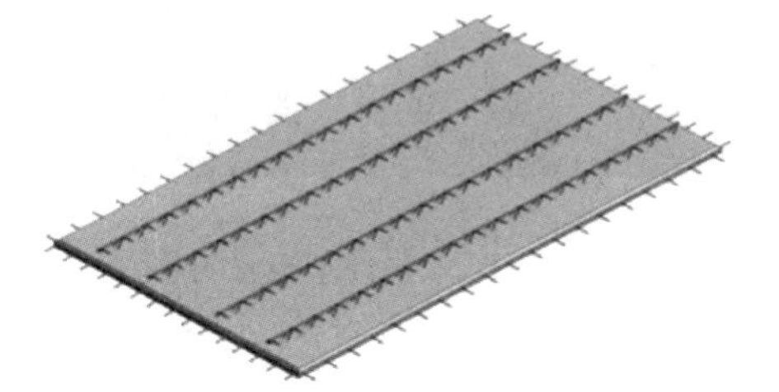

图 2-14　BIM 构件设计图 2

图 2-15　BIM 构件设计图 3

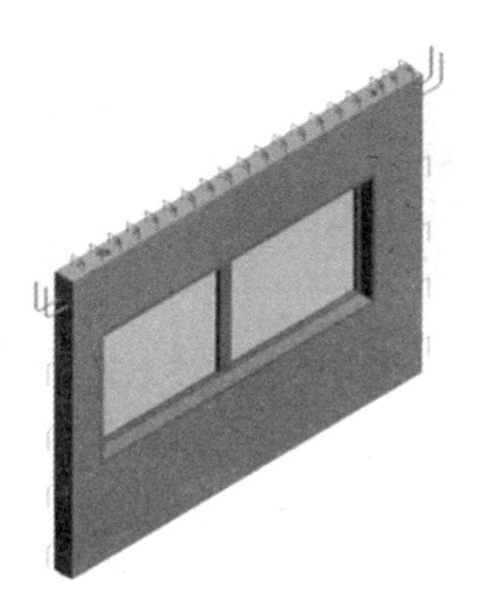

图 2-16　BIM 构件设计图 4

图 2-17　BIM 构件设计图 5

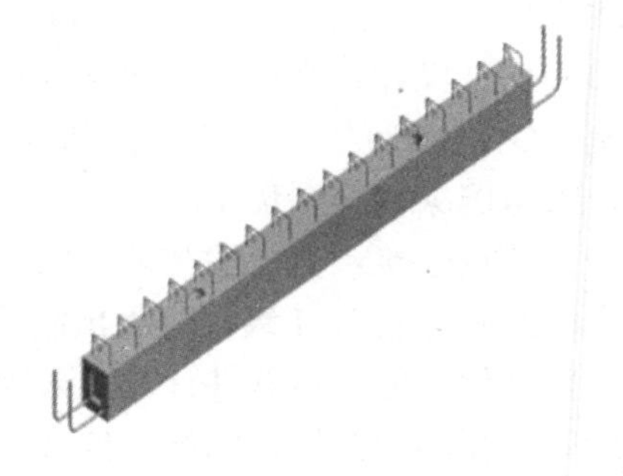

图 2-18　BIM 构件设计图 6

为了装配式建筑在组装时更加方便，可以把构件组合成部件，在工厂进行生产，例如阳台可以做成部件。

装配式建筑的构件生产以后，在指定的场地进行组装。为保证建筑的精度和构件连接的强度，还要进行构件的节点设计。节点设计的重点是既要保证构件的定位，又要保证构件之间连接的强度。因此，构件的节点设计要有构件的定位孔（或连接螺栓），又要有构件之间的连接钢筋。构件的节点设计如图 2-19～图 2-22 所示。

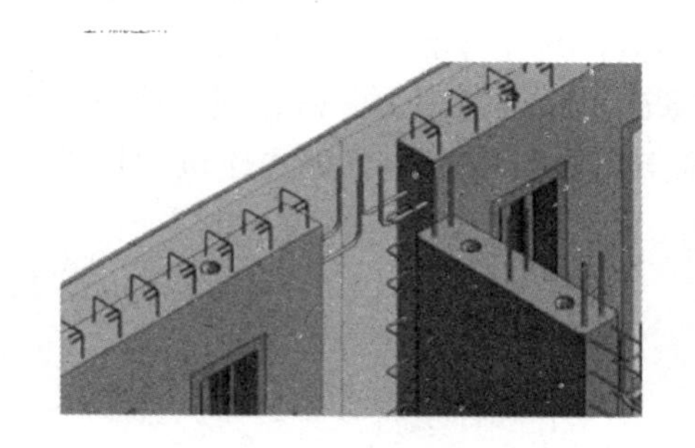

图 2-19　BIM 构件节点设计图 1

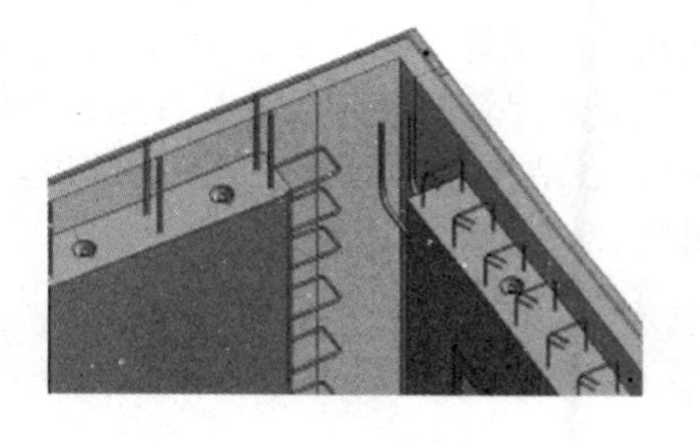

图 2-20　BIM 构件节点设计图 2

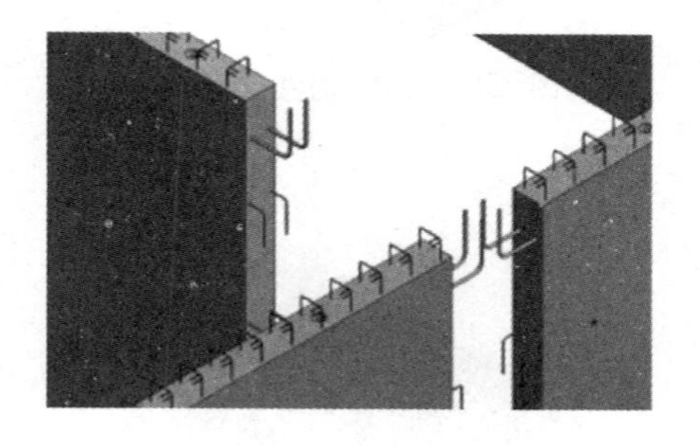

图 2-21　BIM 构件节点设计图 3

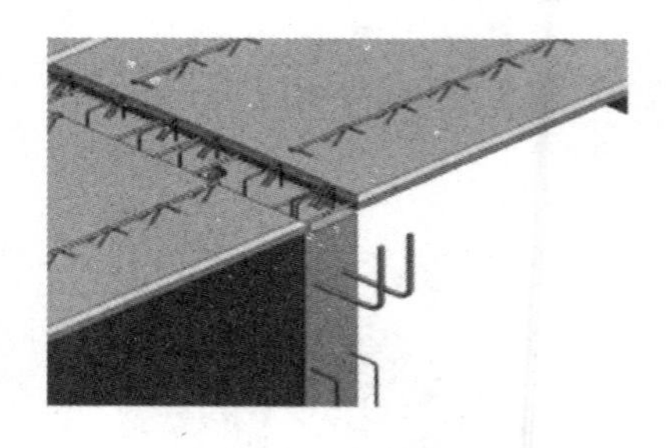

图 2-22　BIM 构件节点设计图 4

装配式建筑的结构设计在进行整体结构内力分析、强度计算后，就可以进行构件设计（构件深化设计）。但是，进行构件设计时要考虑其他工种，包括水、电、装饰、通信等。完成集成化设计后，由工厂进行生产。

装配式建筑钢结构（型钢或轻钢）直接在工厂按图纸选择满足设计要求的钢材，按设计图纸的要求按尺寸和连接方式进行加工，形成钢构件或钢部件。

第3章

装配式建筑的结构体系

装配式建筑根据建造过程，先由工厂生产所需要的建筑构件，再进行组装完成整个建筑的特性，它的分类一般按建筑的体系（包括结构体系）和构件的材料来分类。建筑是人们对一个特定空间的需求，包括住宅、商业、机关、学校、工厂厂房等。从结构来说可以是多层、小高层、高层和超高层。

3.1 按结构体系分类

1. 多层建筑

砌块建筑用预制的块状材料砌成墙体的装配式建筑，适于建造3～5层建筑，如提高砌块强度或配置钢筋，还可适当增加层数。砌块建筑适应性强、生产工艺简单、施工简便、造价较低，还可利用地方材料和工业废料。建筑砌块有小型、中型、大型之分：小型砌块适于人工搬运和砌筑，工业化程度较低，灵活方便，使用较广；中型砌块可用小型机械吊装，可节省砌筑劳动力；大型砌块现已被预制大型板材所代替。

砌块有实心和空心两类，实心的较多采用轻质材料制成。砌块的接缝是保证砌体强度的重要环节，一般采用水泥砂浆砌筑，小型砌块还可用套接而不用砂浆的干砌法，可减少施工中的湿作业。有的砌块表面经过处理，可作清水墙。

2. 板式建筑

板式建筑由工厂预制生产的大型内外墙板、楼板和屋面板等板材装配而成，又称大板建筑。它是工业化体系建筑中全装配式建筑的主要类型。板材建筑可以减轻结构重量，提高劳动生产率，扩大建筑的使用面积和防震能力。板材建筑的内墙板多为钢筋混凝土的实心板或空心板；外墙板多为带有保温层的钢筋混凝土复合板，也可用轻骨料混凝土、泡沫混凝土或大孔混凝土等制成带有外饰面的墙板。建筑内的设备常采用集中的室内管道配件或盒式卫生间等，以提高装配化的程度。大板建筑的关键问题是节点设计。在结构上应保证构件连接的整体性（板材之间的连接方法主要有焊接、螺栓连接和后浇混凝土整体连接）。在防水构造上要妥善解决外墙板接缝的防水，以及楼缝、角部的热工处理等问题。

大板建筑的主要缺点是对建筑物造型和布局有较大的制约性；小开间横向承重的大板建筑内部分隔缺少灵活性（纵墙式、内柱式和大跨度楼板式的内部可灵活分隔）。

3. 集装箱式建筑

集装箱式装配式建筑也称盒式建筑，是从板材建筑的基础上发展起来的一种装配式建筑。这种建筑工厂化的程度很高，现场安装快。不仅在工厂完成盒子的结构部分，而且内部装修和设备也都安装好，甚至可连家具、地毯等一概安装齐全。盒子吊装完成、接好管线后即可使用。盒式建筑的装配形式有：

（1）全盒式：完全由承重盒子重叠组成建筑。

（2）板材盒式：将小开间的厨房、卫生间或楼梯间等做成承重盒子，再与墙板和楼板等组成建筑。

（3）核心体盒式：以承重的卫生间盒子作为核心体，四周再用楼板、墙板或骨架组成建筑。

（4）骨架盒式：用轻质材料制成的许多住宅单元或单间式盒子，支承在承重骨架上形成建筑。也有用轻质材料制成包括设备和管道的卫生间盒子，安置在用其他结构形式的建筑内。盒子建筑工业化程度较高，但投资大、运输不便，且需用重型吊装设备，因此，发展受到限制。

4. 构架式建筑

构架也可以说是建筑物的骨架，骨架板材建筑由预制的骨架和板材组成。其承重结构一般有两种形式：一种是由柱、梁组成承重框架，再搁置楼板和非承重的内外墙板的框架结构体系；另一种是柱子和楼板组成承重的板柱结构体系，内外墙板是非承重的。承重骨架一般多为重型的钢筋混凝土结构，也有采用钢和木做成骨架和板材组合，常用于轻型装配式建筑中。骨架板材建筑结构合理，可以减轻建筑物的自重，内部分隔灵活，适用于多层和高层的建筑。

钢筋混凝土框架结构体系的骨架板材建筑有全装配式、预制和现浇相结合的装配整体式两种。保证这类建筑的结构具有足够的刚度和整体性的关键是构件连接。柱与基础、柱与梁、梁与梁、梁与板等的节点连接，应根据结构的需要和施工条件，通过计算进行设计和选择。节点连接的方法，常见的有榫接法、焊接法、牛腿搁置法和留筋现浇成整体的叠合法等。板柱结构体系的骨架板材建筑是方形或接近方形的预制楼板同预制柱子组合的结构系统。楼板多数为四角支在柱子上；也有在楼板接缝处留槽，从柱子预留孔中穿钢筋，张拉后灌混凝土。

升板建筑是板柱结构体系的一种，但施工方法则有所不同。这种建筑是在底层混凝土地面上重复浇筑各层楼板和屋面板，竖立预制钢筋混凝土柱子，以柱为导杆，用放在柱子上的油压千斤顶把楼板和屋面板提升到设计高度，加以固定。外墙可用砖墙、砌块墙、预制外墙板、轻质组合墙板或幕墙等；也可以在提升楼板时提升滑动模板、浇筑外墙。升板建筑施工时大量操作在地面进行，减少高空作业和垂直运输，节约模板和脚手架，并可减少施工现场面积。升板建筑多采用无梁楼板或双向密肋楼板，楼板同柱子连接节点常采用后浇柱帽或采用承重销、剪力块等无柱帽节点。升板建筑一般柱距较大，楼板承载力也较强，多用作商场、仓库、工场和多层车库等。

升层建筑是在升板建筑每层的楼板还在地面时先安装好内外预制墙体，一起提升的建筑。升层建筑可以加快施工速度，适用于场地受限制的地方。

3.2 按构件材料分类

装配式建筑的另一个特点是建筑集成产业化，就是建筑的构件由工厂进行集成化生产，由于建筑构件的材料不同，集成化生产厂及工厂的生产线因为建筑材料的不同而生产方式也不同，由不同材料的构件组装的建筑也不同，因此可以按建筑构件的材料来对装配式建筑进行分类。由于建筑结构对材料的要求较高，按建筑构件的材料来对装配式建筑进行分类也就是按结构分类。

1. 集装箱结构

集装箱结构的材料主要是混凝土，一般是按建筑的需求，用混凝土做成建筑的部件（按房间类型，例如客厅、卧室、卫生间、厨房、书房、阳台等）。一个部件就是一个房间，相当于一个集成的箱体（类似集装箱），组装时进行吊装组合就可以了。当然材料不仅仅限于混凝土，例如日本的早期装配式建筑集装箱结构用的是高强度塑料，这种高强度塑料可以做枪刺（刺刀），但其缺点是防火性能差。

2. PC 结构

PC 结构是钢筋混凝土结构构件的总称。通常把钢筋混凝土预制构件通称 PC 结构，按结构承重方式又分为剪力墙结构和框架结构。

（1）剪力墙结构

PC 结构的剪力墙结构实际上是板构件，作为承重结构是剪力墙墙板，作为受弯构件就是楼板。现在装配式建筑的构件生产厂的生产线多数是板构件生产。装配时施工以吊装为主，吊装后再处理构件之间的连接构造问题。

（2）框架结构

PC 结构的框架结构是把柱、梁、板构件分开生产，当然用更换模具的方式可以在一条生产线上进行。生产的构件是单独的柱、梁和板构件。施工时进行构件的吊装施工，吊装后再处理构件之间的连接构造问题。框架结构有关墙体的问题，可以由另外的生产线生产框架结构的专用墙板（可以是轻质、保温、环保的绿色板材），框架吊装完成后再组装墙板。

3. 钢结构

装配式建筑的另一种结构就是钢结构，也称为 PS 结构。采用钢材作为构件的主要材料，外加楼板和墙板及楼梯组装成建筑。装配式钢结构建筑又分为全钢（型钢）结构和轻钢结构，全钢结构的承重采用型钢，有较大的承载力，可以装配高层建筑。轻钢结构以薄壁钢材作为构件的主要材料，内嵌轻质墙板，一般装配多层建筑或小型别墅建筑。

（1）型钢结构

全钢（型钢）结构的截面一般较大，可以有较大的承载力，可以是工字钢、L 型钢或 T 型钢。根据结构设计的要求，在特有的生产线上生产，包括柱、梁和楼梯等构件。生产好的构件运到施工工地进行装配。装配时构件的连接可以是锚固（加腹板和螺栓），也可以采用焊接。全钢结构的承重采用型钢，可以有较大的承载力，可以装配高层建筑。

(2) 轻钢结构

轻钢结构一般采用截面较小的轻质槽钢，槽的宽度由结构设计确定。轻质槽钢截面小，壁一般较薄，在槽内装配轻质板材作为轻钢结构的整体板材，施工时进行整体装配。由于轻质槽钢截面小而承载力小，所以一般用来装配多层建筑或别墅建筑。由于轻钢结构施工采用螺栓连接，施工快工期短，还便于拆卸。加上装饰工程造价一般在 1500～2000 元/m^2。目前市场前景较好。

4. 木结构

木结构装配式建筑全部采用木材，用木材制成建筑构件。建筑所需的柱、梁、板、墙、楼梯构件都用木材制造，然后进行装配。木结构装配式建筑具有良好的抗震性能、环保性能、很受使用者的欢迎。在木材很丰富的国家，例如德国、俄罗斯等则大量采用木结构装配式建筑。

装配式建筑现在一般按材料及结构分类，其分类示意图如图 3-1 所示。

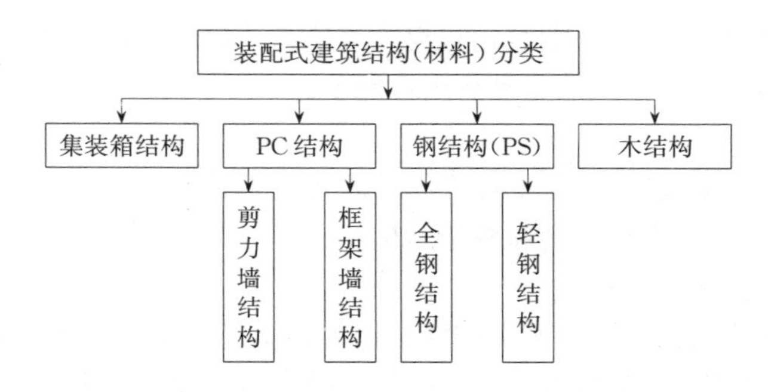

图 3-1 装配式建筑结构分类示意图

3.3 装配式建筑的应用

3.3.1 PC 结构

预制混凝土构件是在工厂或现场预先制作的混凝土构件。装配式混凝土结构是由预制混凝土构件通过可靠的连接方式装配而成的混凝土结构，即纯 PC 结构。

装配整体式混凝土结构是由预制混凝土构件通过可靠的方式进行连接并与现场后浇混凝土、水泥基灌浆料形成整体的装配式混凝土结构，即 PC 与现浇共存的结构。

PC 构件种类主要有：外墙板、内墙板、叠合板、阳台、空调板、楼梯、预制梁、预制柱。

预制率是指装配式混凝土建筑室外地坪以上主体结构和围护结构中预制构件部分的材料用量占对应构件材料总用量的体积比。预制率是单体建筑的预制指标，如某栋房子预制率为 15%，是指预制构件体积 150m^3 占总混凝土量 1000m^3 的比率。

装配率是指装配式建筑中预制构件、建筑部品的数量（或面积）占同类构件或部品总数量（或面积）的比率。

1. PC 结构的历史

早在 20 世纪 50 年代，我国从苏联引入预制装配式混凝土建筑技术，大力发展基于 PC 的各类建筑，至 20 世纪 80 年代，基本形成完整的 PC 技术体系，产品涉及工业与民用建筑、市政设施、大型基础设施等。

后来出现了分化，建筑领域，PC 应用逐渐萎缩，退出，甚至绝迹，全面转向现浇模式。而在市政工程领域，预制技术始终占主导地位，高速公路、桥梁、港口、城市高架、地下管道、地铁盾构管片和预制综合管廊都 PC 化。铁路建设领域，PC 的应用更是达到了极致。

究其原因，建筑产品以消费者的多样性需求为主导，多元化、个性化设计理念不利于产品标准化，造型复杂参差交错的构件也很难工厂化预制。即使是 PC 率高的市政工程，复杂的立交桥也只能现浇，故不能一概而论。同时，随着商品混凝土、大模板等技术的发展，降低了工地现浇施工的难度和成本；而当时 PC 建筑的一些缺陷（抗震性、防水、隔声差等）没有持续改进，PC 建筑与传统现浇建筑相比造价偏高，质量降低，甚至二者兼而有之。

装配式有局限性，不是所有的建筑所有部位的所有构件都能 PC 化的，如基础和地下室底部加强部位等不能使用 PC。

2. 近年 PC 结构受到重视

探索建筑工业化的路径，尝试了一大批试点项目，这些项目无论从技术水平、材料选择、施工工艺、质量标准都与 30 年前不可同日而语。

万科与中南，最先尝试 PC 结构，却没有在后续的项目中大面积使用，为什么？存在的都是合理的，也许 PC 结构的一个或某几个优点仍然不足以成为完全取代现浇混凝土的理由，或者说 PC 结构的综合优势仍然不敌现浇混凝土。现浇混凝土的优点是整体性可塑性、易操作性、造价低等，这些优点恰恰是装配式建筑的劣势。

预制混凝土装配整体式构具有建造速度快、质量易于控制、节省材料、构件外观质量好、耐久性好以及减少现场湿作业、有利环保等优点。

为了进一步加强低碳、绿色、环保理念，促进装配式建筑发展，住房城乡建设部和地方政府多次出台政策，鼓励或强制使用装配式建筑。

《上海市绿色建筑发展三年行动计划（2014-2016）》［沪府办发〔2014〕32 号］要求：新建装配式建筑 2014 年不少于 25％；2015 年不少于 50％；2016 年，外环线以内符合条件的新建民用建筑原则上全部采用装配式建筑。在政策期限内，对符合示范要求的装配式建筑项目，由市级财政给予 60 元/m^2 的资金补贴（单个项目最高补贴 600 万元），同等条件下优先获奖。

《关于推进本市装配式建筑发展的实施意见》［沪建管联〔2014〕901 号］规定：2016 年，外环线以内符合条件的新建民用建筑原则上全部采用装配式建筑。预制装配率达到 40％及以上的，每平方米补贴 100 元，单个项目最高补贴 1000 万元，项目预制外墙或叠合外墙的预制部分可不计入建筑面积，但不超过装配式住宅±0.00 以上地面计容建筑面积的 3％。

上海市《关于进一步强化绿色建筑发展推进力度提升建筑性能的若干规定》的通知［沪建管联〔2015〕417 号］，推广发展装配式建筑。

时隔多年，PC 结构的建筑在国内再次受到重视。这似乎是历史的轮回，但它不是简单的重复，PC 技术和建造方式已经有了根本性变化。

3. PC 结构的优劣

站在历史坐标系上，20 世纪七八十年代大量的 PC 结构的建筑被证明是“短命”的，留下大量后遗症，许多成了危房，需要加固、改造和拆除。常州有些 PC 结构的建筑已经十分破旧，外墙板开裂脱落、楼梯与墙有裂缝、阳台梁板混凝土保护层剥落、栏杆断裂。

质量方面，国内 PC 结构的建筑无法克服“连接差、接缝渗漏、保温性低”等通病。

但这些不是 PC 结构本身的错，而是其他外在因素的作用，如缺乏工匠精神，粗制滥造。日本、德国、法国的 PC 技术基本上不存在这些问题，可以说，国际上 PC 技术已相当成熟。PC 结构的建筑要做好，需要从商业模式、技术路线、管理手段上进行创新和完善。

PC 结构有如下优势：

（1）抗震性能好

PC 结构计算主要按照每个构件本身的承载力进行，通过适当方式连接成整体。节点、接缝压力通过后浇混凝土或灌浆或座浆直接传递；拉力由连接筋、预埋件焊接件传递。当预制混凝土接缝界面的粘结强度高于构件本身混凝土抗拉、抗剪强度时，可视为等同于现浇混凝土。

连接部位根据变形的方向和大小可做成滑动、铰接或者固支（装配式很难做成刚接）。当出现地震等灾害的时候，PC 结构主要通过节点处的应变来消除应力，不至于让应力在结构内部持续传递，防止结构连续倒塌。

（2）工厂化生产

由于工厂化生产，PC 构件可以采用干硬性混凝土、挤压成型、高频振捣、高温养护、离心成型等工艺，混凝土的抗压强度可以轻松做到 80MPa 以上。而现场现浇结构限于条件，很难做到。同时，由于工艺不同，在不增加成本的前提下很容易做成“清水混凝土”和“装饰混凝土”，以减少后续粉饰和装修的成本。PC 构件由于规模式自动化流水作业生产，其成品生产成本递减。

（3）PC 构件产品化

一些工业厂房和民用建筑中的构件属于高度标准化的产品，可以按制造业生产方式批量化连续性生产，形成工业品库存进行采购和销售。订单定制一定是增加生产成本。PC 的优点也恰恰是现浇混凝土所难以具备的。

4. PC 结构造价

目前行业推进 PC 结构的建筑遇到最大的问题是“成本高”，这是事实，也可能是一个伪命题。

PC 结构的建筑造价构成与现浇结构肯定有差异，其工艺与传统现浇工艺有本质的区别，建造过程不同，建筑性能和品质也会不一样，二者的“成本”并没有可比性。建筑领域不断进行技术和工艺创新，最终的目标只有两个：在同等造价条件下提高建筑性能，或者在同等建筑性能条件下降低造价。如果一个新工艺既能降低造价又能提高建筑品质当然更好，但也不要太理想化。

开发商对“成本”敏感，出于对成本的考量，为了完成成本控制目标，以及要求新工艺“低成本”的心态，在决策时瞻前顾后，反复测算，政府的容积率奖励和补贴不足以抵消成本的增加，导致开发企业很少主动采用 PC 建筑。这是完全可以理解的。

放在更宏观的思考维度，成本只是需要考虑的一个因素和一个点，从全局，从整体，从长远进行思考，未来，为了绿色环保低碳和提高建筑品质，适当增加造价也是能接受的，并且随着 PC 技术的不断进步，成本会逐渐下降。

PC 标准化设计和生产标准化构配件，能在装配建筑上通用，建筑工业化就先完成“模数协调原则标准”。只有这样才能降低 PC 成本。我国 PC 部品非标化是装配式建筑推广的梗阻。多层 PC 结构装配式如图 3-2～图 3-8 所示。

图 3-2　PC 结构装配式建筑图 1

图 3-3　PC 结构装配式建筑图 2

图 3-4　PC 结构装配式建筑图 3

图 3-5　PC 结构装配式建筑图 4

图 3-6　PC 结构装配式建筑图 5

图 3-7　PC 结构装配式建筑图 6

图 3-8　搭积木方式组装房屋

3.3.2　钢结构

钢结构是天然的装配式结构，但并非所有的钢结构建筑均是装配式建筑，尤其是算不上好的装配式建筑。那么什么样的钢结构建筑才能算得上是好的装配式建筑呢？必须是钢结构、围护系统、设备与管线系统和内装系统做到和谐统一，才能算得上是装配式钢结构建筑。

3.3.2.1　钢结构的特点

1. 装配式钢结构的优点

相对于装配式混凝土建筑而言，装配式钢结构建筑具有以下优点：

（1）没有现场现浇节点，安装速度更快，施工质量更容易得到保证；

（2）钢结构是延性材料，具有更好的抗震性能；

（3）相对于混凝土结构，钢结构自重更轻，基础造价更低；

（4）钢结构是可回收材料，更加绿色环保；

（5）精心设计的钢结构装配式建筑，比装配式混凝土建筑具有更好的经济性；

（6）梁柱截面更小，可获得更多的使用面积。

2. 装配式钢结构的缺点

（1）相对于装配式混凝土结构，装配式钢结构外墙体系与传统建筑存在差别，较为复杂；

（2）防火和防腐问题需要引起重视；

（3）如设计不当，钢结构比传统混凝土结构更贵，但相对装配式混凝土建筑而言，仍然具有一定的经济性。

3. 抗震性能

抗震性能优越是钢结构建筑的主要优点之一。1985 年墨西哥 8.1 级大地震中钢结构建筑的倒塌比例远低于混凝土结构建筑。1995 年日本 7.1 级阪神大地震的震害统计也显示了同样的结果。

同济大学 2015 年进行的分层框架体系的三层足尺试验表示，结构在经历 0.62g（相当于 9 度大震）的地震加速度后，除抗震支撑外，其余部分均完好无损。

4. 节点

目前装配式钢结构的梁柱节点主要采用栓焊连接，但装配式钢结构推荐采用螺栓连接节点。螺栓连接（免焊连接）的优势是：

（1）安装速度快；

（2）更加容易控制施工质量；

（3）现场焊缝是钢结构容易发生腐蚀的主要部位（油漆现场处理不当），全螺栓连接可以避免此类部位，并可以做到油漆全部由工厂涂装，大大提高了钢结构的防腐蚀性能。

如适用于 3 层以下房屋的冷弯薄壁系统，通过自攻钉等连接件，已经实现了现场无任何焊缝。分层框架体系亦采用全螺栓连接，施工速度大大提高。同济大学对采用单边螺栓的梁柱节点进行了多组实验，实验结果表明，满足一定条件的端板连接梁柱节点可满足刚性连接的要求。

5. 围护系统

对于装配式建筑，围护系统是一个关键因素。钢结构系统必须与围护系统配合紧密、和谐统一。譬如经常被使用的方形柱＋外挂墙板系统，应用于办公建筑中是一种成熟的建筑结构系统，但用于住宅则会造成住户对装配式建筑产生不良印象，因为住惯了剪力墙结构的居民不希望在室内能看到梁和墙角柱子。另外，譬如对音桥的细节处理等构造问题也是装配式钢结构建筑的关键技术。钢结构装配式建筑如图 3-9～图 3-12 所示。

图 3-9　钢结构装配式建筑图 1

图 3-10　钢结构装配式建筑图 2

图 3-11　钢结构装配式建筑图 3

图 3-12　钢结构装配式建筑图 4

3.3.2.2 轻钢结构

这里的轻钢装配式建筑使用的是“冷弯薄壁型钢”，行业标准《低层冷弯薄壁型钢房屋建筑技术规程》JGJ 227—2011 中提到的型钢（一种在原有冷弯薄壁型钢概念基础上衍生出来的，厚度薄很多，但其相貌似轻钢龙骨的特殊冷弯薄壁型钢），其相关参数见表 3-1。需要注意的是《低层冷弯薄壁型钢房屋建筑技术规程》JGJ 227—2011 适用于以冷弯薄壁型钢为主要承重构件，层数不大于 3 层，檐口高度不大于 12m 的低层房屋建筑的设计、施工及验收。

冷弯薄壁型钢参数表 **表 3-1**

	普通轻钢龙骨	冷弯薄壁型钢	C 型钢(檩条)
主要材料壁厚(mm)	0.4～1.2	0.6～2.5	1.5～3.5
材料强度要求	无要求	Q235/Q345/G450/G550	Q235/Q345/G450
材料镀层要求	Z100	Z180/Z275/AZ150	Z120/Z180/Z275
型钢腹板宽度(mm)	50/75/100/150	70～305	100～350
型钢翼缘高度(mm)	≥35	35～75	50～100
型钢弯曲内角(°)	≤2.25	≤3	≥3
长度允许偏差(mm)	±5	−2	+5(沿用压型钢板)
一般型钢间距(mm)	300～600	300～600	1200～1500

（1）轻钢结构五大特点

1）节能环保

由于采用纤维棉作墙体屋面填充材料，它的保温效果大大优于砖混结构（见图 3-13），隔声效果也极佳，是节约能源的理想结构方式。

该体构件工厂化生产，现场为干作业，所以无污染、无建筑垃圾。整个结构材料的 90%可以回收利用。

2）强度高、自重轻

轻型屋顶及墙体结构，其支撑钢结构的材料强度高，用料省（一般别墅类房屋总体用钢量在 30kg/m^2 以内，多层建筑用钢量在 40kg/m^2 左右），自重轻，仅为传统砖混结构的 1/5 左右，减少了运输和吊装费用，基础负载也相应减少，降低了基础造价。

3）抗震、抗风性能好

轻钢结构由于其良好的延性，整体刚性好、变形能力强，故抗震、抗风性能好。而且钢材便于加工，灾后容易修复。重量轻，建筑物自重仅是砖混结构的 1/5。经过试验，冷弯薄壁型钢房屋可抵抗 9 级强度的地震，并可抵抗每秒最大 60m 的飓风。

4）施工方便、快捷

轻钢结构在墙体中与楼层间有足够的空间。因此，各种管线（电源线、通信线、给水排水管、中央空调管等）都可沿墙体及楼层之间敷设，既无明管外露，又使施工简单方便，也便于今后的维修。由于实行工厂化施工，可大量节约现场的施工量。

5）居住舒适

由于轻钢结构优良的保温节能结构和材料，使其在室内的居住舒适程度大大提高。同

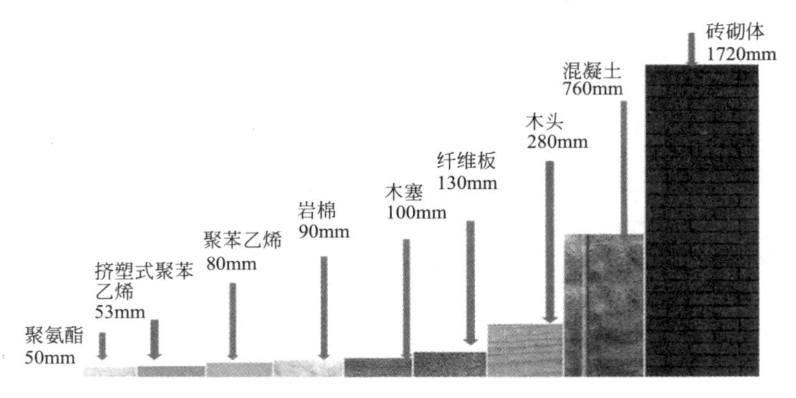

图 3-13 相同保温性能的材料厚度

时也可以提高房屋的居住使用面积约 8%。

（2）轻钢结构产品的应用

轻钢装配式建筑应用广泛，在别墅、酒店、办公、商场、公寓、厂房、公共设施、新农村建设、灾后重建等场合有广泛应用，如图 3-14～图 3-22 所示。

图 3-14 轻钢休闲别墅

图 3-15 轻钢结构酒店

图 3-16　轻钢结构办公楼

图 3-17　轻钢结构商场

图 3-18　轻钢结构公寓、厂房

图 3-19　轻钢结构车棚、市政、公共设施

图 3-20　轻钢结构模块化房屋

图 3-21　轻钢结构新农村建设

图 3-22　灾后重建轻钢结构建筑

装配式建筑全产业链组织管理

4.1 装配式建筑全产业链的构成

装配式建筑产业链以建筑实现的流程为主线，强调设计、生产、施工一体化，总体来说主要包括建筑研发、结构及预制构件设计、预制构件生产、装配施工和运营维护五大环节（图 4-1），涉及研发设计机构、预制构件加工企业和建筑施工企业三大主体。

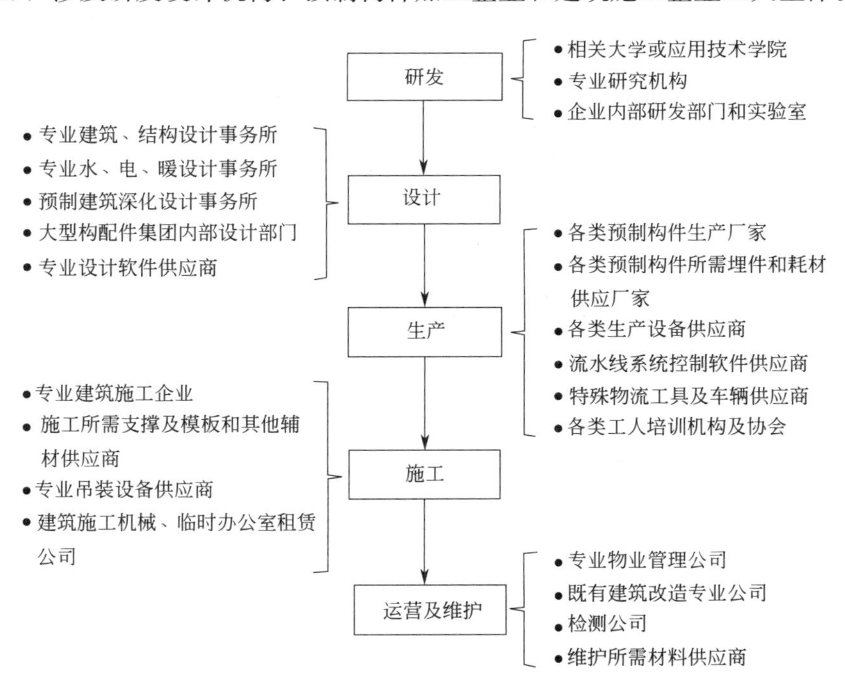

图 4-1 装配式建筑全产业链流程图

（1）研发环节。依托相关建筑类高校、专业研究机构以及建筑企业内部研发部门开展不同结构体系的装配式建筑及相关配套产品的研究，并向相关装配式建筑设计机构提供相应的研究成果、设计思路等，主要涉及钢结构、预制混凝土结构、木结构三大体系。

（2）设计环节。基于研发环节的研究成果，负责开展装配式建筑的具体设计工作，主要包括运用专业的设计软件进行装配式建筑主体、结构、水电暖以及预制构件深化设计等方面的工作。

（3）生产环节。作为装配式建筑产业链的核心环节之一，负责装配式建筑构件的生产，包括预制构件生产线设备制造及控制系统开发、模具设计生产与流通、特种运输工具的生产及产业技术工人的培训等具体环节。

（4）施工环节。施工环节既是装配式建筑产业链的核心环节，也是装配式建筑从图纸到实现建筑实体的重要环节，主要包括构件装配施工、专业吊装设备及施工机械租赁、套筒和灌浆料的生产检测与流通等具体环节。

（5）运营及维护环节。运营及维护环节作为装配式建筑产业链的最终环节，主要负责装配式建筑投入使用后日常的维护、检测、改造等工作。

4.2 装配式建筑全产业链管理

装配式建筑在整个建造过程中容错能力弱，强调管理过程的计划性。因此，整个产业链管理过程应强化从研发设计、生产、施工、后期运营与维护一体化的全过程咨询和 EPC 管理模式，重点涉及两个方面。

一是以设计为核心，技术为主线，全过程管理。打造以设计为核心，建立系统化、全过程的设计思维，把业主、设计单位、构件工厂、施工单位等所有企业整合成完整的产业链，实现装配式建筑全生命周期运营管理模式。

二是实现 BIM 技术在装配式建筑应用中的信息化与工业化深度融合。装配式建筑核心是“集成”，而 BIM 技术是“集成”的主线。这条主线串联起设计、生产、施工、装修和管理的全过程，服务于设计、建设、运维、拆除的全生命周期，可以数字化虚拟，信息化描述各种系统要素，实现信息化协同设计、可视化装配、工程量信息的交互和节点连接模拟及检验等全新运用，整合建筑全产业链，实现全过程、全方位的信息化集成。

4.2.1 研发设计管理

1. 前期管理

（1）设计任务书编制的准确性和全面性；

（2）设计单位的选择及设计费用的合理性；

（3）设计周期的合理性。

2. 中期管理

（1）方案设计的审核：除了美观、大方、经济性外，还要适合装配式建筑的特点；

（2）施工图审核：除了符合相关标准规范外，还要考虑经济指标、施工简易、装配式集成等特点，特别是施工图审查的通过性把握。

3. 后期管理

（1）设计变更的合理性、经济性；

（2）工程施工签证的准确性。

4.2.2 生产管理

装配式建筑预制构件工厂化生产，要求有科学合理的生产组织设计，以此来指导生产过程的经济化管理。根据建设单位提供的深化设计图纸、产品供应计划等，组织技术人员对项目的生产工艺、生产方案及堆放场地、运输方式、生产进度计划、物资采购计划、模具设计及进场计划和人员需求计划等内容进行策划，同时根据项目特点编制相关具体保证措施，保证项目实施阶段顺利进行。

1. 充分的前期准备是保证生产正常有序开展的前提

（1）熟悉设计图纸及预制计划要求。技术人员及项目部主要负责人应根据工地现场的预制件需求计划和预制件厂的仓存量确定预制构件的生产顺序及送货计划；及时熟悉施工图纸，及时了解使用单位的预制意图，了解预制构件的钢筋、模板的尺寸和形式及混凝土浇筑工程量及基本的浇筑方式，以求在施工中达到优质、高效及经济的目的。

（2）人员配置与管理。预制构件品种多样，结构不一，应根据工作量及施工水平进行管理人员和技术人员的合理安排，并要经常对全体员工进行产品质量、成本及进度重要性的教育，使各岗位工作人员要有明确、严格的岗位责任制（图 4-2）。

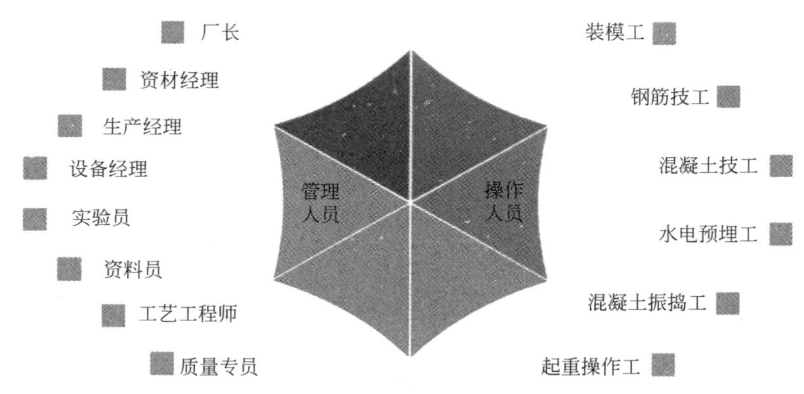

图 4-2 装配式混凝土结构建筑构件生产人员配置示意图

（3）场地的布置设计。为达到预制构件使用要求、运输方便、统一归类以及不影响预制构件生产的连续性等要求，场地的平整及预制构件场地布置规划尤为重要。生产车间应充分考虑生产预制构件高度、模具高度及起吊设备升限、构件重量等因素，应避免预制构件生产过程中发生设备超载、构件超高不能正常吊运等问题。

（4）材料采购。除水泥、骨料等大宗材料外，构件所需的各种埋件，如套筒、连接件、线盒、线管、吊装预埋件等，都要在生产前依据图纸，统计出数量、型号，同时所有材料进场都需经专人验收，通过检测合格后方可使用。

2. 科学合理的生产工艺是生产优质产品的决定因素

为保证构件生产的质量，应充分考虑合理的生产方案和模具安装、浇筑、振捣、拆模、养护等工艺要求，同时为满足项目生产发货需要，应将构件存储场地划分为若干个区域，按照不同项目单独存放预制构件。此外，还应划分出构件修补区域，将暂时需要修补的产品与已合格产品进行区分存放。

3. 生产进度控制直接影响建筑施工进度及企业的经济效益

根据建设单位及施工单位提供的施工进度，编制项目模具进场计划及预制构件生产进度。根据拟定的项目预计施工总工期，制定前期策划阶段包括图纸审核及交底、模具设计制作和原材料采购的时间计划，从而拟定预制构件从样板生产，到批量生产直至竣工的时间进度。

4. 模具的制作是构件生产前的关键步骤

模具设计制作的质量是保证能否生产出合格品及批量化生产的核心因素，它直接关系到整个工厂化施工的进度、质量及成本控制。模具制作前应组织专业人员对深化设计图纸进行二次审核，经建设单位报设计单位修改、确认后，编制模具设计方案和模具数量，委托专业模具制作厂商加工模具。

4.2.3 施工管理

1. 注重构件管控

由于装配式建筑对构件质量的要求较高，因此施工过程中应把控构件生产源头，注重对构件生产商的选择，确保制造商具有相应的资质，并能够严格遵循构件的设计进行生产。同时应对构件的运输过程进行控制，特别是运输距离、运输车辆的控制，并且在运输过程中强化对构件的保护，减少运输途中的损坏。在构件进入施工现场前，应对构件进行检测，确认符合质量标准。加强对构件的仓储管理，注意环境对构件的影响，做好防护工作，定期进行损坏排查。

2. 做好施工准备

施工前，对装配式建筑施工的影响因素进行排查，对周边环境和交通环境等进行综合分析，制定相应的施工组织设计，确保施工人员能严格遵循施工组织设计，从而保障施工顺利完成。进行施工组织设计时注意对施工进度的设置，有计划地按照施工规范施工。此外，构件在应用前应进行筛查，确认构件的基本状况，排除不合格构件。施工前还应进行全面的技术交底，增强施工人员对施工技术的了解，避免私自擅改施工设计的问题。制定完善的设计更改审核流程，确认申请符合标准才可批准，为后续施工顺利进行奠定基础。

3. 加强人员培训

人员因素对装配式建筑施工的影响需要从多个角度入手，强化人员的素质水平。选用分层培训的方式，针对不同岗位的人员给予不同的培训方案。对于施工人员，主要从施工过程入手，增强施工人员对装配式建筑技术的了解，加强施工人员对构件的熟悉程度，保障施工人员在施工过程中能够正确使用，并严格遵循施工规范，避免施工人员失误所致的安全问题。同时需要注意技术交底的全面性，进一步增强施工人员对施工的了解程度。

对于管理人员，需要注意对管理人员的管理意识和管理方法的优化。由于装配式建筑属于相对新的技术种类，部分管理人员对装配式建筑的施工管理流程不够熟悉，容易造成粗放式管理模式，不利于装配式建筑的施工管理。因此，应加强对装配式建筑建设流程及施工方面的培训，增强对整个装配式建筑建设过程的了解程度。图 4-3 为装配式建筑的建设流程示意图。

4. 优化设备管理

施工设备是保障装配式建筑施工的基础，装配式建筑施工过程中应严格设备管理，减

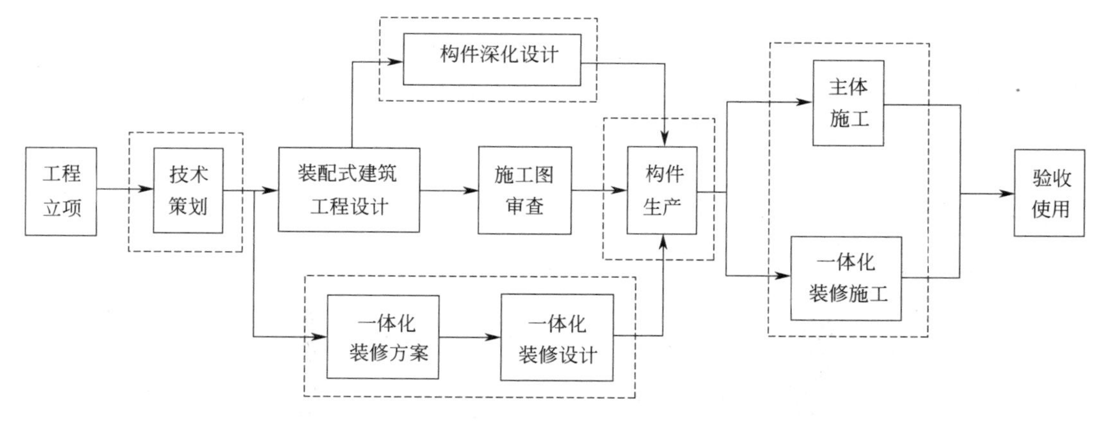

图 4-3 装配式建筑建设流程示意图

注：图中虚线部分为装配式建筑与传统现浇建筑建设流程的不同之处。

少设备所致的施工问题。首先应结合装配式建筑的施工需求，开展对施工设备的研究，明确施工所需的设备类型，保障设备配置齐全，避免施工过程中出现设备不足的问题。其次应注意对设备的检测检验工作，判断设备是否存在安全隐患。再次，应加强对设备的专人日常维护保养工作，制定完善的维护保养制度，以及维护周期和维护保养人员的考核绩效管理制度等，全面提高维护保养效果。

4.2.4 运营及维护管理

由于装配式建筑相较于传统的现浇混凝土结构建筑，具有设计标准化、生产工厂化、施工装配化、装修一体化、管理信息化的建筑特性，其建成投入使用后的运营及维护管理是装配式建筑产业链的重要环节之一，主要工作是根据不同的地域特征对装配式建筑后期维护中出现问题的主要部位、频率、原因等进行深入分析，形成一套完整的维护管理标准。

一是对后期维护的报修、维护维修、日常监测等沿着全流程建立相应的制度。

二是对后期维护技术人员、操作工人、管理人员等建立管理制度，制定相应的工作标准规范。

三是建立部品部件管理制度，包括部品部件的存储、运输、更换等，确保部品部件的完好率，满足后期维护过程中的安全生产和使用的要求。

4.3 装配式建筑 EPC 管理模式

4.3.1 EPC 管理模式概述

EPC（Engineering Procurement Construction）是目前装配式建筑行业比较推崇的管理模式，其是指承包方受业主委托，按照合同约定对工程建设项目的设计、采购、施工、试运行等实行全过程或若干阶段的承包（图 4-4）。EPC 总承包在总价合同条件下，对所承包工程的质量、安全、投资造价和进度及施工过程中政府审批手续负责，其中还包括设备和材料的选择和采购。

EPC 合同模式下承包商对设计、采购和施工进行总承包，在项目初期和设计时就考虑到采购和施工的影响，避免了设计和采购、施工的矛盾，减少了由于设计错误、疏忽引起的变更，可以显著减少项目成本，缩短工期。

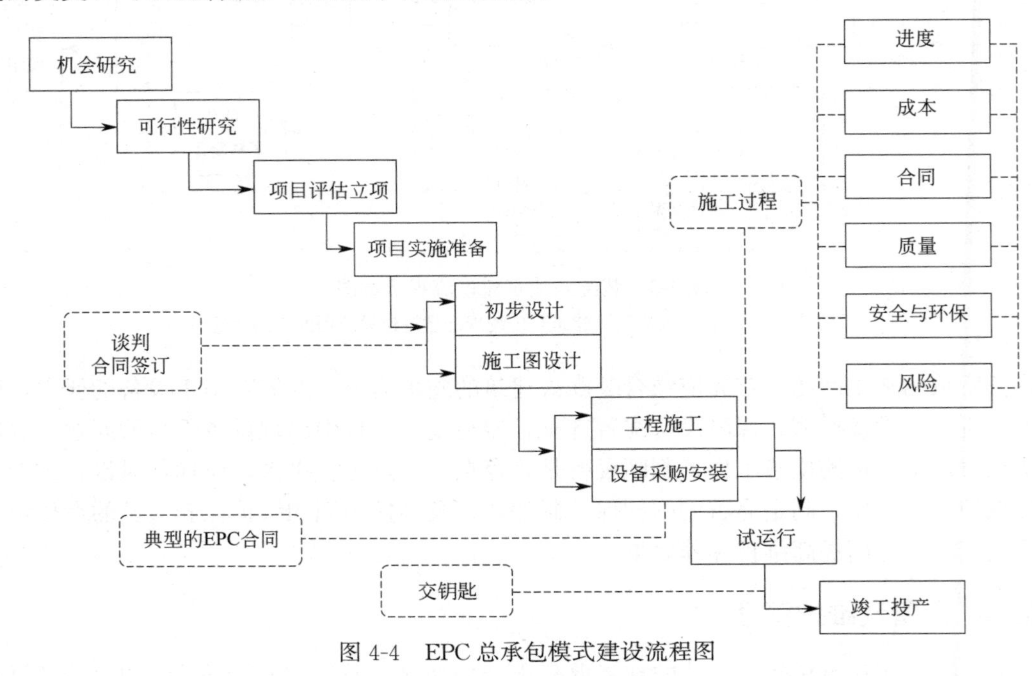

图 4-4　EPC 总承包模式建设流程图

EPC 管理模式项目的资源投入包括项目人力、设备、材料、机具、技术、资金等资源的投入，其中部分既有自有的内部资源，也可通过采购或其他方式从社会和市场中获取。因此，在项目的前期，应根据项目的目标要求，对为实现项目目标所需求的资源类型和资源需求量进行分析，同时对自有资源和社会资源进行详细全面的调查，编制项目的资源需求计划。一般地说，项目的资源计划包括人力资源计划、物料设备供应计划、资金计划等（图 4-5）。

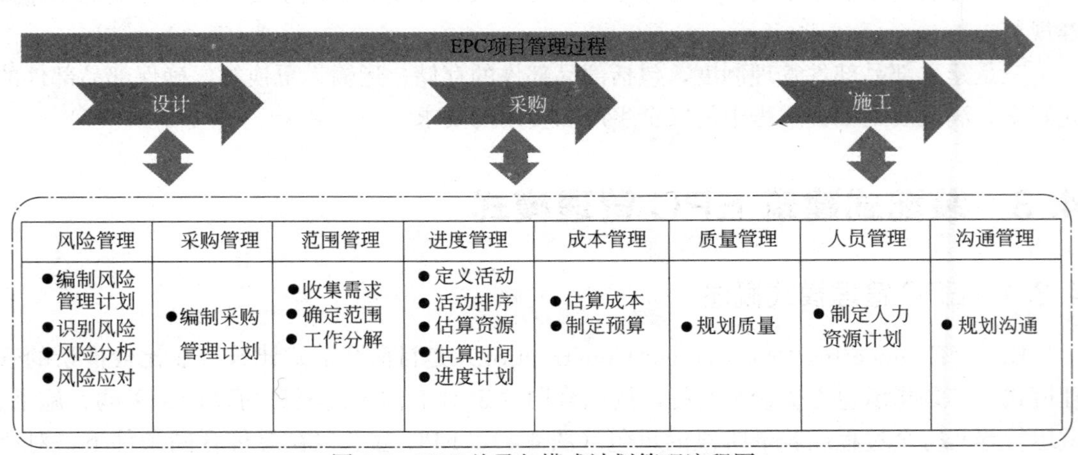

图 4-5　EPC 总承包模式计划管理流程图

相对传统承包模式而言，EPC总承包模式具有以下三个方面的基本优势：

（1）强调和充分发挥设计在整个工程建设过程中的主导作用，有利于工程项目建设整体方案的不断优化。

（2）有效克服设计、采购、施工相互制约和相互脱节的矛盾，有利于设计、采购、施工各阶段工作的合理衔接，有效地实现建设项目的进度、成本和质量符合建设工程承包合同约定，确保获得较好的投资效益。

（3）建设工程质量责任主体明确，有利于追究工程质量责任和确定工程质量责任的承担人。

4.3.2 EPC管理模式下业主与承包人的职责

1. 业主的主要职责

（1）明确方案图及初步设计。业主委托咨询工程师提供各专业完整的设计，但设计阶段只到初步设计或扩大初步设计的深度，不出详细设计即施工图。

（2）负责工程勘察。业主应按合同规定的日期，向承包商提供工程勘察所取得的现场水文及地表以下的资料。

（3）工程变更。业主代表有权指令或批准变更。对施工文件的修改或对不符合合同的工程进行纠正通常不构成变更。

（4）施工文件审查。业主有权检查与审核承包商的施工文件，包括承包商绘制的竣工图纸。

（5）工程建设资金的到位。业主应根据与承包方的约定，合理安排建设资金到位及支付。

2. 承包商的主要职责

（1）设计责任。承包商应使自己的设计人员和设计分包商符合业主要求中规定的标准。

（2）承包商文件。承包商文件应足够详细，并经业主代表同意。

（3）施工文件。承包商应编制足够详细的施工文件，符合业主代表的要求，并对施工文件的完备性、正确性负责。

（4）工程协调。负责与业主指明的其他承包商的协调，负责安排自己及分包商、业主指定的其他承包商在现场的工作场所和材料存放地。

（5）投资造价控制。在施工过程中对于可能产生的造价增加因素需进行有效控制。

4.3.3 EPC管理模式下的合同形式

在EPC总承包模式下，总承包商对整个建设项目负责，但并不意味着总承包商须亲自完成整个建设工程项目。除法律明确规定应当由总承包商必须完成的工作外，其余工作总承包商则可以采取专业分包的方式进行。在实践中，总承包商往往会根据其丰富的项目管理经验、工程项目的不同规模、类型和业主要求，将设备采购（制造）、施工及安装等工作采用分包的形式分包给专业分包商。所以，在EPC总承包模式下，其合同结构通常表现为以下几种形式：

（1）交钥匙总承包（EPC）：指设计、采购、施工总承包，总承包商最终向业主提交一个满足使用功能、具备使用条件的工程项目。该种模式是典型的 EPC 总承包模式。

(2) 设计—施工总承包（D-B）：指工程总承包企业按照合同约定，承担工程项目设计和施工，并对承包工程的质量、安全、工期、造价全面负责。在该种模式下，建设工程涉及的建筑材料、建筑设备等采购工作由发包人（业主）来完成。

(3) 建设—转让总承包（BT）：指有投融资能力的工程总承包商受业主委托，按照合同约定对工程项目的勘查、设计、采购、施工、试运行实现全过程总承包；同时工程总承包商自行承担工程的全部投资，在工程竣工验收合格并交付使用后，业主向工程总承包商支付总承包价。

其中，交钥匙总承包和设计—施工总承包是最常见的形式。根据工程项目不同规模、不同类型，还有设计—采购总承包（E-P）、采购—施工总承包（P-C）等合同形式。

4.3.4 EPC 管理模式下的合同管理和风险分析

EPC 总承包模式下的合同执行过程中需要考虑合同管理和合同风险两个方面的内容，其中合同管理涉及履约管理、变更管理、争议解决和项目实施过程中的成本、进度、质量、SHE 管理（质量、健康、安全一体化管理）等内容。合同风险主要涉及投标前、投标报价等合同签订风险和设计、采购、施工等合同执行阶段的风险（图 4-6）。

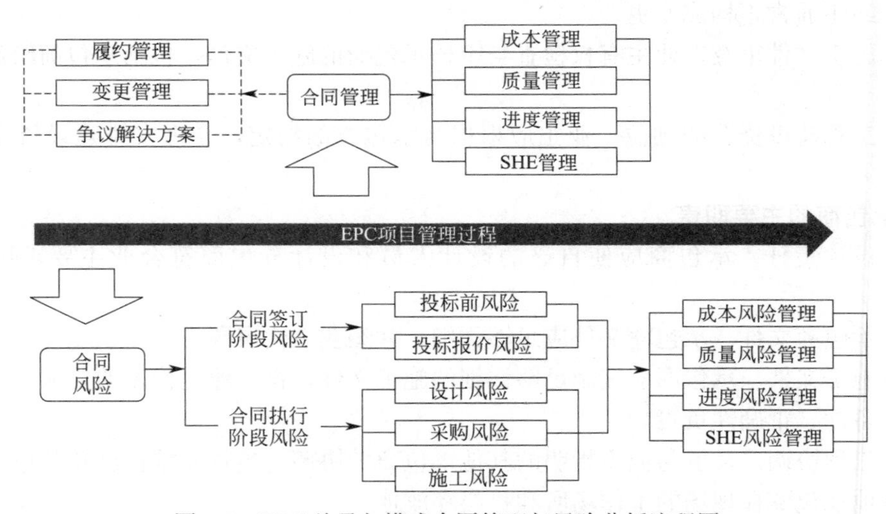

图 4-6　EPC 总承包模式合同管理与风险分析流程图

4.3.5 EPC 管理模式实施过程中的工程造价控制

在项目实施阶段，总承包单位应派驻有经验的造价工程师到施工现场进行费用控制，根据初步设计概算对各专业进行分解，制定各部分控制目标。具体措施包括：

1. 通过招标投标确定施工单位

项目招标投标制度是总承包单位控制工程造价的有效手段，通过招标投标可以提高项目的经济效益，保证建设工程的质量，缩短建设投资的回报周期。图 4-7 为 EPC 总承包模式投标阶段解决方案流程图。

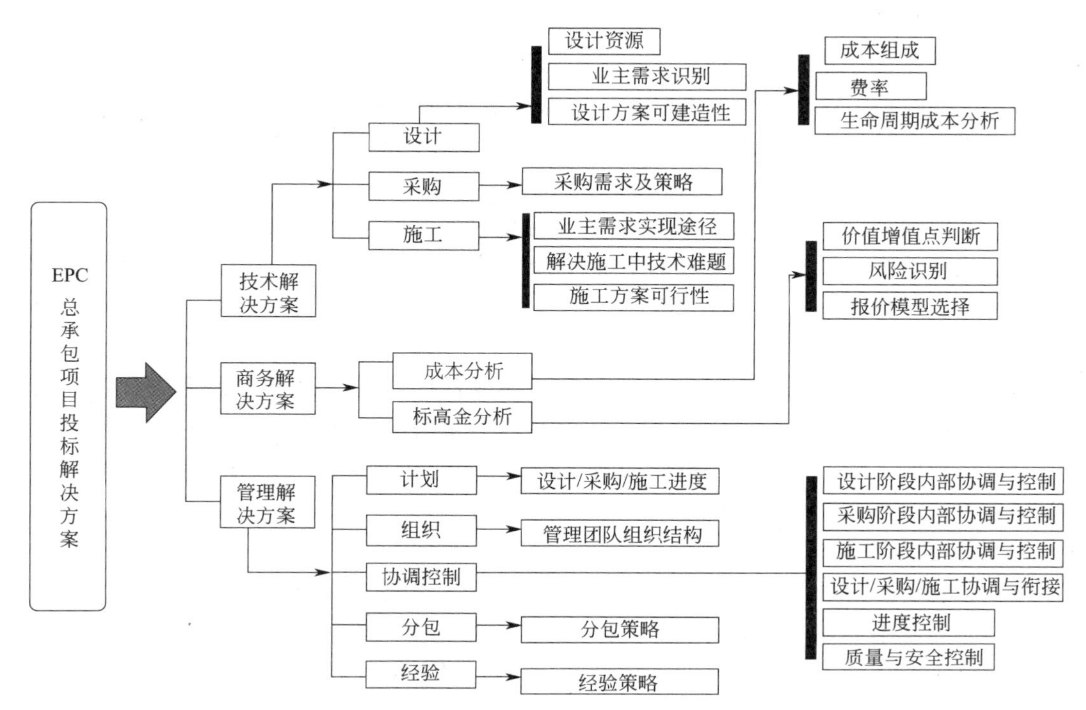

图 4-7　EPC 总承包模式投标阶段解决方案流程图

2. 通过有效的合同管理控制造价

施工合同是施工阶段造价控制的依据。采用合同评审制度，可使总承包单位各个部门明确责任，签订严密的施工承包合同，合理地将总承包风险转移。同时，在施工中加强合同管理，才能保证合同造价的合理性、合法性，减少履行合同中甲、乙双方的纠纷，维护合同双方利益，有效控制工程造价。

3. 严格控制设计变更和现场签证

由于设计图纸的遗漏和现场情况的千变万化，设计变更和现场签证是不可避免的。总承包单位通过严格设计变更签证审批程序，加强对设计变更工程量及内容的审核监督，改变过去先施工后结算的程序，由造价工程师先确认变更价格后再施工，这样才能在施工过程中对合同价的变化做到心中有数。

4. EPC 项目竣工阶段的造价控制

项目完工后，总承包单位应及时编制竣工结算，报业主批准。同时在审核分包结算时，坚持按合同办事，对工程预算外的费用严格控制。

4.3.6 EPC 管理模式成功的关键因素

1. 业主方因素

（1）业态清晰。业主对项目建设提出总体要求，对项目建设过程中的关键节点工作提出要求，从宏观层面控制项目的工期、投资和质量，将具体的技术性工作交给专业的工程公司，而不必卷入每天的事务性管理中。

（2）品质量化。品控是 EPC 工程的重难点之一。不同的做法、不同品牌的产品，所需要的造价往往差别很大。业主在招标前，应就一系列品质进行量化。只有对品质要求细化、量化、具体化，才能在后期施工中减少管理难度，提升整体品质。

（3）范围明晰。业主需要明确总承包商的承包范围、承担的责任和义务。另外，工程建设费相关内容的界定。以报建手续为例，需要业主办理的建设用地许可证、施工图设计文件审查等，可由 EPC 总承包单位代为完成。

（4）价格确定。EPC 工程总承包采用固定总价合同时，项目实施过程中的绝大部分风险由承包商承担。投资方最关心的是工程的最终价格和最终工期，以便能够准确预测工程项目的经济可行性，故此，在 EPC 工程中，总价的合理确定对甲乙双方责权利的明确尤为重要。

EPC 工程的洽商过程中，往往仅仅是效果图或者扩初图，EPC 工程无法有效地编制很详细的模拟清单，所以，EPC 工程往往都是以分部分项工程进行平方米指标报价，业主可以根据类似工程最终结算价格的横向对比，进行总价锁定，剩余的风险由总承包单位来承担。

2. 总承包方因素

（1）总包自身对身份的定位。EPC 模式下，以“策划、服务”为基本定位，以“专业工程师”为基本单元，完成各层次上的 EPC 管理工作，总包单位项目管理人员一切工作需站在业主的角度大胆协调，使工作进展与项目整体进展同步甚至超前，从策划、控制和协调上超前、主动。

（2）了解工程的定位及品质。现场施工中根据工程定位及品质要求，设备材料的选择采购方面，选择合适的型号及质量控制标准进行材料控制管理，对各种材料进行样品展示及样品封样，完善样品管理制度，做到确保优质材料进场，材料效果与工程总体效果吻合，材料做到可追溯性强。

（3）设计管理。常规施工总承包模式下，业主履行设计管理义务，业主需要安排专人花费大量的精力进行设计协调、确认等工作，且设计中不可避免地存在灰色地带，使业主利益受到损害。与之相比，EPC 模式下，业主规避了以上风险，一般采用总价包干的合同形式，确定设计标准后，业主只需选择并确认满意的设计方案、工程材料等内容，设计中的风险均转移到了 EPC 总包单位，总包单位代替业主履行严格的设计管理，从业主角度出发，根据设计标准要求，协调设计完成最终设计内容。

（4）传统工程中大量专业资源由业主选择或采购，经常出现进场缓慢，界面不清，做到哪里才招标到哪里，管理资源及精力的大量浪费，设计与专业分包实际的情况经常脱节，产生大量额外设计联系单的情况，EPC 就是把这部分内容及风险全部转移至总包，充分发挥总包技术管理及商务管理能力，完全把控专业分包进行现场无缝对接，实现资源的及时供应。

（5）品质管理。EPC 业主最担心的往往是花了钱但是得不到一个自己想要的产品，所以在品质管理方面，EPC 工程除了现场的常规质量管理外，应该尤为重视样品及样板管理。

常规的施工总承包的样板施工很多是形式主义，很少有样品陈列室，或者不重视，但是 EPC 总包必须在这方面做到完全的样板引路，EPC 样板引路制度不同于一般的工艺样板，主要以实体样板为主，样品主要是结合效果图，进行单项系统的封样（如外墙系统、园林绿化系统、装饰装修系统），给业主、总包、各参建设单位一个直观的品质控制标准。

装配式建筑PC结构施工工法

装配式建筑PC结构施工主要有构件吊装、构件安装、构件连接等施工技术。本章将全面介绍装配式建筑PC结构施工技术。

通过本章了解PC相关基础知识，掌握预制构件吊装技术、构件安装技术和施工操作流程及施工操作工艺标准，提高作业专业化水平，提高项目作业工效，改善项目施工作业环境，为培养一支建筑工业和住宅产业化行业的专业人才队伍抛砖引玉。

本章适用于全预制装配整体式主体结构的现场吊装施工、装配施工及构件连接施工工法。从建筑物结构形式及工法上，PC工法大致可分为四种：

（1）剪力墙结构预制装配式混凝土工法，简称WPC工法；

（2）框架结构预制装配式混凝土工法，简称RPC工法；

（3）框架剪力墙结构预制装配式混凝土工法，简称WRPC工法；

（4）预制装配式钢骨混凝土工法，简称SRPC工法。

1. WPC工法

WPC工法用预制钢筋混凝土墙板来代替结构中的柱梁，能承担各类荷载引起的内力，并能有效控制结构的水平力，局部狭小处现场充填一定强度的混凝土。是用钢筋混凝土墙板来承受竖向和水平力的结构。因其需要每一层完全结束后才能进行下一层的工序，现场吊车会出现怠工状态，适用于2栋以上的建筑才能够有效利用施工设备。如图5-1所示。

2. RPC工法

RPC工法是指预制梁和柱在施工现场以刚接或者铰接相连接而构成承重体系的结构工法，由预制梁和柱组成框架共同抵抗使用过程中出现的水平荷载和竖向荷载。而墙体不承重，仅起到围护和分隔作用。该工法的技术要求及成本都比较高，故多与现场浇筑相结合。比如梁、楼板均做成叠合式，预留钢筋，现场浇筑成整体，并提高刚性。多用于高层集合住宅或写字楼，可实现外周无脚手架，大大缩短工期。如图5-2所示。

3. WRPC工法

WRPC工法是框架结构和剪力墙结构两种体系的结合，吸取了各自的长处，既能为建筑平面布置提供较大的使用空间，又具有良好的抗侧力性能。适用于平面或竖向布置繁

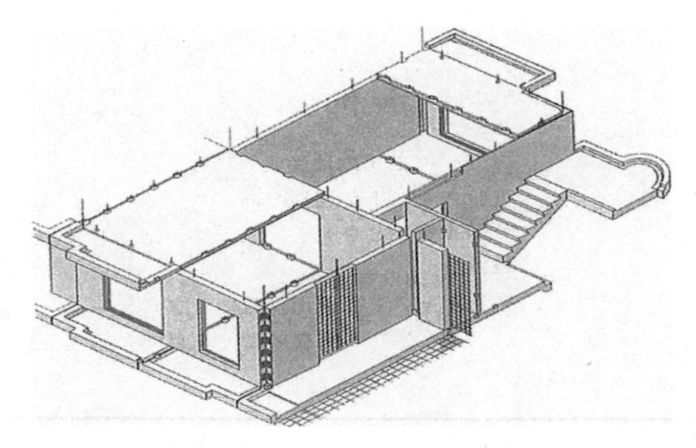

图 5-1 WPC 工法示意图

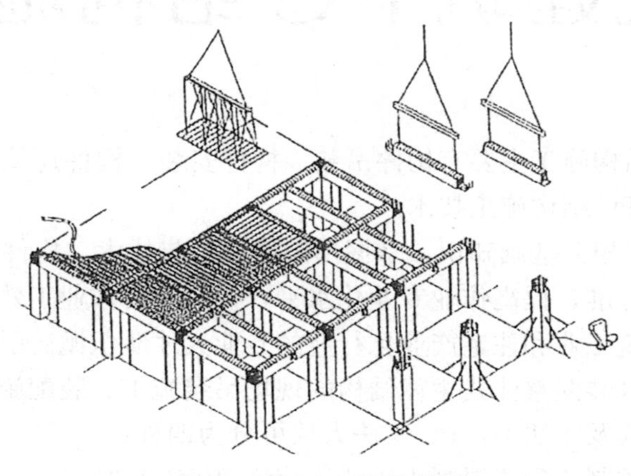

图 5-2 RPC 工法示意图

杂、水平荷载大的高层建筑。如图 5-3 所示。

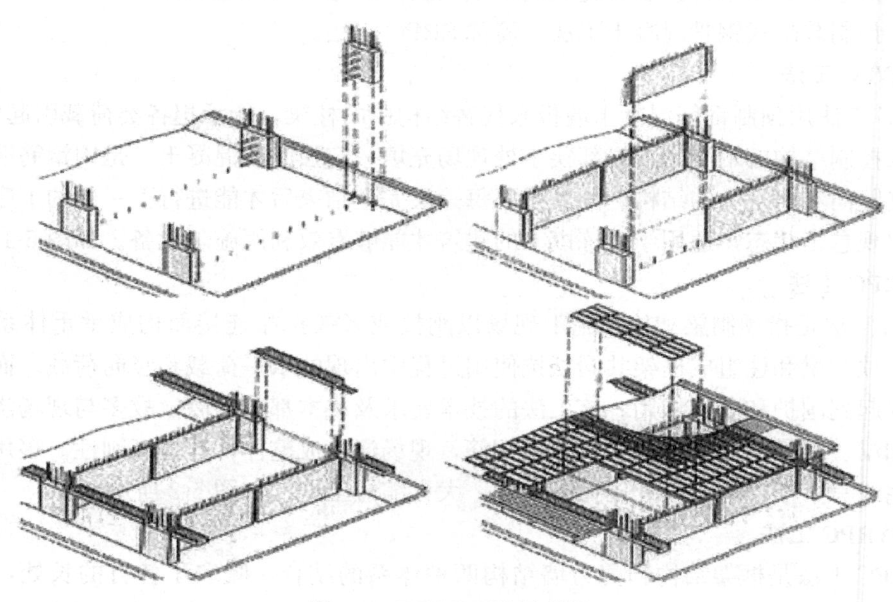

图 5-3 WRPC 工法示意图

4. SRPC 工法

SRPC 工法是将钢骨混凝土结构的构件预制化，其与 RPC 工法的区别是，通过高强螺栓将构件现场连接。通常是每 3 层作为一节来装配，骨架架设好之后才能进行楼板及墙壁的安装。此工法适用于高层且每层户数较多的住宅。如图 5-4 所示。

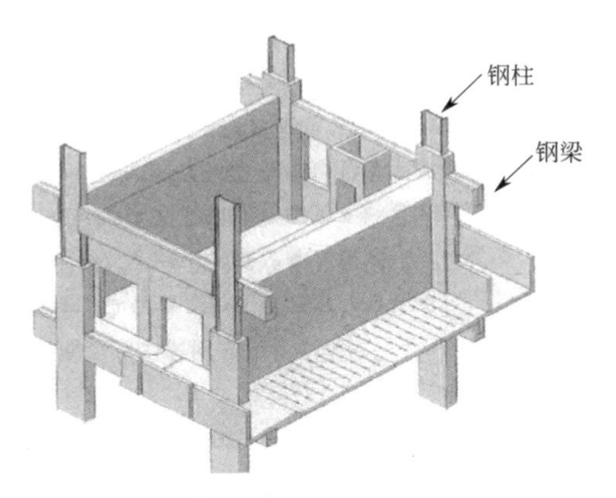

图 5-4　SRPC 工法示意图

5.1　预制构件类别

5.1.1　预制墙板

1. 内墙板

分为横墙板、纵墙板、隔墙板三种。

2. 外墙板

分为正面外墙板、山墙板和檐墙板三种（图 5-5）。

图 5-5　外墙板图

5.1.2 叠合板

采用预制混凝土薄板作为承力底模，薄板叠合面进行增加新老混凝土抗剪力的毛面或桁架筋处理，在预制薄板上叠合现浇混凝土层而成的楼板（图 5-6）。

图 5-6 叠合板图

5.1.3 叠合梁

采用预制部分梁体作为预制楼板的支撑及叠合现浇层的承力底模，当预制板安装就位后，现浇叠合层混凝土而形成的叠合梁（图 5-7）。

图 5-7 叠合梁图

5.1.4 预制楼梯

由预制构件加工厂加工制作的钢筋混凝土楼梯构件制品（图 5-8、图 5-9）。

图 5-8　预制楼梯图 1

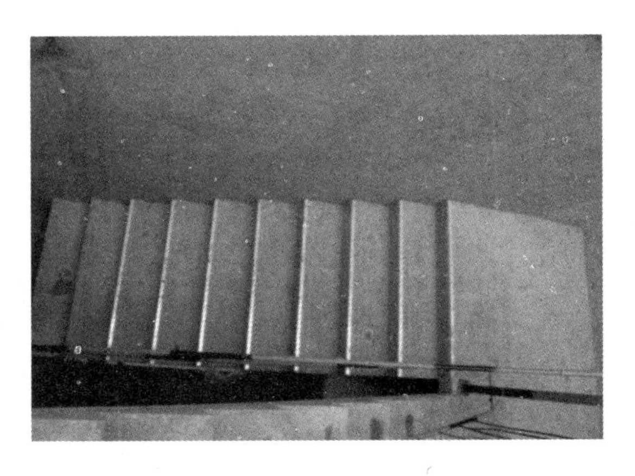

图 5-9　预制楼梯图 2

5.2　预制构件施工工法

5.2.1　工艺原理

以标准层每层、每跨（户）为单元，根据结构特点和便于构件制作和安装的原则将结构拆分成不同种类的构件（如墙、梁、板、楼梯等）并绘制结构拆分图。梁、板等水平构件采用叠合形式，即构件底部（包含底筋、箍筋、底部混凝土）采用工厂预制，面层和深入支座处（包含面筋）采用现浇。外墙、楼梯等构件除深入支座处现浇外，其他部分全部预制。每施工段构件现场全部安装完成后统一进行浇筑，这样有效解决了拼装工程整体性差、抗震等级低的问题。同时也减少了现场钢筋、模板、混凝土的材料用量，简化了现场施工。

构件的加工计划、运输计划和每辆车构件的装车顺序与现场施工计划和吊装计划紧密结合，确保每个构件严格按实际吊装时间进场，保证安装的连续性。构件拆分和生产的统一性保证了安装的标准性和规范性，大大提高了工作效率和机械利用率。

这些都大大缩短了施工周期和减少了劳动力数量，满足了社会和行业对工期的要求以及解决了劳动力短缺的问题。

外墙采用混凝土外墙，外墙的窗框、涂料或瓷砖均在构件厂与外墙同步完成，很大程度上解决了窗框漏水和墙面渗水的质量通病，并大大减少了外墙装修的工作量，缩短了工期（只需进行局部修补工作）。

5.2.2　前期工作

施工前期准备工作主要有以下三点：

（1）测量放线：弹出构架边线及控线，复核标高线。

（2）构件进场检查：复核构件尺寸和构件质量。

（3）构件编号：在构件上标明每个构件所属的吊装区域和吊装顺序编号，便于吊装工人辨认。

5.2.3 吊装准备

1. 技术准备

（1）学习设计图纸及深化图纸，并做好图纸会审。

（2）确定预制剪力墙构件吊装顺序。

（3）编制构件进场计划。

（4）确定吊装使用的机械、吊具、辅助吊装钢梁等。

（5）编制施工技术方案并报审。

2. 材料准备

（1）预制剪力墙构件、高强度无收缩灌浆材料、预埋螺栓、钢筋等。

（2）用于注浆管灌浆的灌浆材料，强度等级不宜低于 C40，应具有无收缩 、早强、高强、大流动性等特点。

3. 机具准备

塔式起重机（选用时应根据构件重量、塔臂覆盖半径等条件确定）、汽车（选用时应根据构件重量、吊臂覆盖半径等条件确定）、电焊机、可调式斜撑杆、可调式垂直撑杆、空压机、振动机、振捣棒、混凝土泵车、经纬仪、水准仪等。

5.2.4 墙板吊装流程

1. 吊装预施工（图 5-10、图 5-11）

（1）检查预留钢筋位置长度是否准确，并进行修整。

（2）检查墙板构件预埋注浆管位置、数量是否正确，清理注浆管，确保畅通。

（3）检查构件中预埋吊环边缘混凝土是否破损开裂，吊环本身是否开裂断裂。

（4）楼地面清理，将接缝处石子、杂物等清理干净。

（5）在墙板安装部位放置垫片，垫片厚度根据水平抄测数据。

预留钢筋检查

注浆孔检查

图 5-10　吊装检查图 1

2. 墙板构件安装就位（图 5-12）

（1）按构件吊装顺序，进行构件吊装。

（2）构件距离安装面约 1.5m 时，应慢速调整，可由安装人员辅助轻推构件，调整构

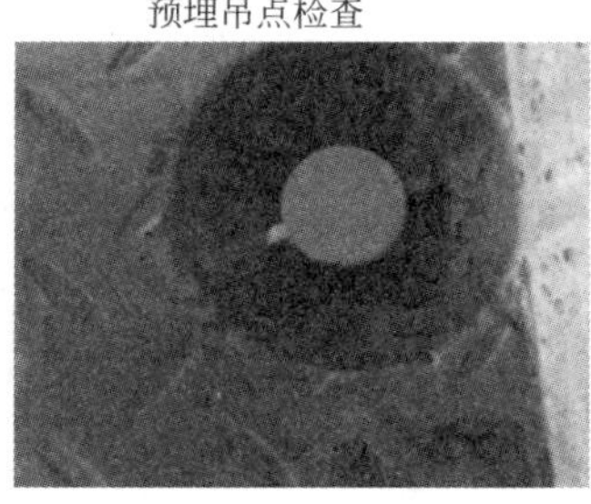

图 5-11 吊装检查图 2

件到安装位置。

图 5-12 构件安装检查图

（3）楼地面预留插筋与构件预埋注浆管逐根对应，全部准确插入注浆管后，构件缓慢下降。

（4）构件距离楼地面约 30cm 时由安装人员辅助轻推构件或采用撬棍根据定位线进行初步定位。

（5）构件完全落下后，采用顶丝，根据定位线对构件进行调整，精确定位。

3. 构件斜撑安装（图 5-13）

斜撑上部固定

斜撑底部固定

调整初步垂直

图 5-13　安装构件斜撑图

（1）清理地面预埋的拉接螺栓，清除表面包裹的塑料薄膜及迸溅的水泥浆等，露出连接丝扣。

（2）将构件上套筒清理干净，安装螺杆。注意螺杆不要拧到底，与构件表面空隙 30mm。

（3）安装斜向支撑：将撑杆上的上下垫板沿缺口方向分别套在构件上及地面上的螺栓上。安装时应先将一个方向的垫板套在螺杆上，然后转动撑杆，将另一个方向的垫板套在螺杆上。

（4）将构件上的螺栓及地面预埋螺栓的螺母收紧。同时应查看构件中预埋套筒及地面预埋螺栓是否有松动现象，如出现松动，必须进行处理或更换。

(5) 转动斜撑，调整构件初步垂直。

(6) 松开构件吊钩，进行下一块构件吊装。

4. 构件垂直度校正（图 5-14）

(1) 用靠尺量测构件的垂直偏差，注意要在构件（台模面）侧面进行量测。

(2) 逐渐转动斜撑撑杆，调节撑杆长短来校正构件，直至垂直度符合要求。

垂直度测量、精调

安装完成效果

图 5-14　构件斜撑调整图

5.2.5　梁、板、楼梯吊装流程

1. 吊装预施工（图 5-15）

(1) 检查预留钢筋位置长度是否准确，并进行修整。

(2) 检查梁板构件预埋注浆管、预留孔位置、数量是否正确，并进行清理，确保畅通。

节点检查

图 5-15　节点检查图

（3）检查构件中预埋吊环（或用于做吊点的钢筋桁架）边缘混凝土是否破损开裂，吊环本身是否开裂断裂。

（4）梁板楼梯搁置边缘及相应搁置位置已根据标高线切割整齐。

2. 安装垂直支撑（图 5-16）

（1）根据垂直地面上已标注的垂直支撑点，安装垂直支撑。

（2）首先将初步垂直支撑顶紧上部梁板楼梯等构件，待构件全部安装就位后根据标高调节撑杆，精确控制构件高度，并根据跨度要求适当控制起拱高度。

图 5-16　安装垂直支撑图

3. 预制梁构件吊装（图 5-17、图 5-18）

（1）已吊装完成的墙柱构件，根据抄测的水平线进行检查，局部不平整的部位，应进行切割修整，切割深度为 15mm（不得碰到钢筋）。

（2）个别两端无搁置点的梁，应先设置垂直临时撑杆。

（3）对预制梁中部留有缺口的，应在吊装前进行局部加固，防止断裂。

（4）进行预制梁构件吊装，并根据定位线用撬棍等将梁就位准确。

图 5-17　梁构件起吊

图 5-18　梁构件安装

4. 预制板构件安装（图 5-19～图 5-22）

（1）已吊装完成的墙柱构件，根据抄测的水平线进行检查，局部不平整的部位，应进行切割修整，切割深度为 15mm（不得碰到钢筋）。

（2）清理墙板上预留的预制楼板搁置凹槽。

（3）采用桁架吊梁使得板面受力均匀，距离墙顶 500mm 时根据墙顶垂直控制线和板面控制线缓缓下降至支撑上方，待构件稳定后进行摘钩和校正。

（4）通过撬棍调整水平定位，通过调整支撑控制板面标高，控制水平定位及标高误差在＋5mm以内。

图5-19　叠合板起吊

图5-20　叠合板转运

图5-21　叠合板就位

图5-22　叠合板安装完成

5. 预制楼梯构件安装（图5-23、图5-24）

（1）根据楼梯图纸，在休息平台及楼梯梁上放出预制楼梯水平定位线及控制线，在周边墙体上放出标高控制线。

图5-23　楼梯吊装1

图5-24　楼梯吊装2

（2）在楼梯安装部位设置钢垫片调整标高，钢垫片设置高度为安装板面标高以上 20mm。

（3）楼梯段采用长短吊链进行吊装，吊装前检查吊环及固定螺栓应满足要求。

（4）楼梯下放到距离楼面 0.5m 处，进行人工辅助就位，根据水平控制线缓慢下放楼梯，对准预留螺杆，安装至设计位置。

6. 构件拼缝封堵密实

（1）封堵材料采用 1：2.5 水泥砂浆，内掺膨胀剂。

（2）对构件之间的细缝（一般小于 10mm）可以直接填塞密实；对个别缝隙稍大的，可以先支设模板再用水泥砂浆填塞密实。

7. 钢筋修整及叠合梁板上层钢筋绑扎（图 5-25、图 5-26）

（1）将构件外露钢筋表面除锈，将钢筋表面迸溅的水泥浆等清除干净；对连接钢筋疏整扶直。

（2）根据图纸要求以及盒、箱的位置，根据实际情况，分层、分段敷设线管以连接已预埋的线管、线盒。

（3）叠合梁板上层钢筋绑扎（参照现浇结构钢筋绑扎）。

（4）注意楼板上层钢筋要与墙板上预留插筋位置对应，绑扎牢固。

图 5-25　线管敷设

图 5-26　叠合板上层钢筋绑扎

8. 模板支设（图 5-27、图 5-28）

图 5-27　模板支设 1

图 5-28　模板支设 2

（1）模板及其支架应具有足够的承载能力、刚度和稳定性，能可靠地承受浇筑混凝土的重量、侧压力以及施工荷载。模板应能达到清水混凝土效果。对预留梁头等部位宜采用竹夹板或定型钢模支设，对楼板表面的吊模可选用角钢、槽钢等进行支模。

（2）模板的接缝应粘贴双面胶带或塞海绵条，不应漏浆。

（3）模板与混凝土的接触面应清理干净并涂刷隔离剂，但不得采用影响结构性能或妨碍装饰工程施工的隔离剂。

（4）浇筑混凝土前，模板内的杂物应清理干净。

9. 叠合层混凝土浇筑（图 5-29、图 5-30）

（1）混凝土强度等级应符合设计要求。

（2）在浇筑混凝土前，应采用空气压缩机将预制板表面的杂物灰尘等清理干净，将预制构件表面的松动的石子等全部清除干净。

（3）构件表面清理干净后，应在浇筑混凝土前 2h 对预制构件进行洒水湿润。保证底部预制混凝土构件吸水吸透，但在浇筑混凝土前构件表面不能有积水。宜采用喷雾器进行连续喷水。

（4）梁头等节点处混凝土振捣应选用小型振捣棒，一般直径不宜超过 30mm。

（5）振捣要做到“快插慢拔”，并且要上下微微抽动，以使上下振捣均匀。在振捣时，使混凝土表面呈水平，不再显著下沉、不再出现气泡表面泛出灰浆为止。

图 5-29　叠合层混凝土浇筑 1

图 5-30　叠合层混凝土浇筑 2

5.2.6　预制浆锚节点灌浆

1. 施工准备

（1）学习设计图纸及深化图纸，并做好图纸会审。

（2）确定构件灌浆顺序。

（3）编制灌浆材料及辅助材料等进场计划。

（4）确定灌浆使用的机械设备等。

（5）编制施工技术方案并报审。

（6）高强度无收缩灌浆料、水泥、砂子、水等。

（7）用于注浆管灌浆的灌浆材料，强度等级不宜低于 C40，应具有无收缩、早强、高强、大流动性等特点。

(8) 机具主要为搅拌机、压力灌浆机等。

2. 灌浆前准备

(1) 将构件拼缝处（竖向构件上下连接的拼缝及竖向构件与楼地面之间的拼缝）石子、杂物等清理干净。

(2) 外侧采用木模板或木方围挡，用钢管加顶托顶紧。

(3) 洒水应适量，主要用于湿润拼缝混凝土表面，便于灌浆料流畅，洒水后应间隔15min再进行灌浆，防止积水。

3. 搅拌注浆料

(1) 注浆材料宜选用成品高强灌浆料，应具有大流动性、无收缩、早强、高强等特点。1d强度不低于20MPa，28d强度不低于60MPa，流动度应≥270mm。初凝时间应大于1h，终凝时间应在3～5h。

(2) 搅拌注浆料投料顺序、配料比例及计量误差为应严格遵照产品使用说明书。

(3) 注浆料搅拌宜使用手电钻式搅拌器，用量较大时也可选用砂浆搅拌机。搅拌时间为45～60s，应充分搅拌均匀，选用手电钻式搅拌器搅拌过程中不得将叶片提出液面，防止带入气泡。

(4) 一次搅拌的注浆料应在45min内使用完。

4. 注浆孔及水平缝灌浆（图5-31～图5-34）

图5-31　水平缝封堵

图5-32　灌浆料加注

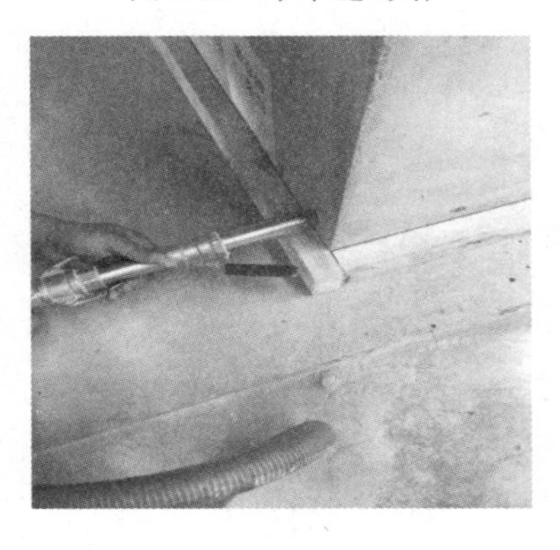

图5-33　套筒灌浆

图5-34　波纹管灌浆

（1）灌浆可采用自重流淌灌浆和压力灌浆。自重流淌灌浆即选用料斗放置在高处，利用材料自重流淌灌入；压力灌浆，灌浆压力应保持在 0.2～0.5MPa。

（2）灌浆应逐个构件进行，一块构件中的灌浆孔或单独的拼缝应一次连续灌满。

5. 注浆管口填实压光（图 5-35）

（1）注浆管口填实压光应在注浆料终凝前进行。

（2）注浆管口应抹压至与构件表面平整，不得凸出或凹陷。

（3）注浆料终凝后应进行洒水养护，每天 3～5 次，养护时间不得少于 7d。冬期施工时不得洒水养护。

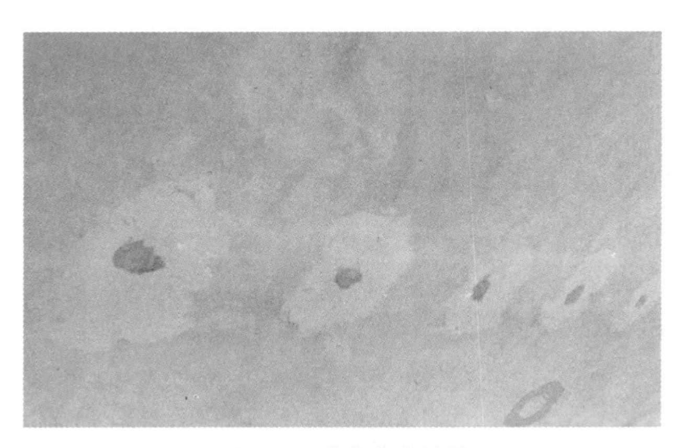

图 5-35　灌浆完成效果

5.2.7　连接节点构造

1. 钢筋绑扎（图 5-36～图 5-41）

图 5-36　外墙转角钢筋绑扎

图 5-37　“L”形节点钢筋绑扎

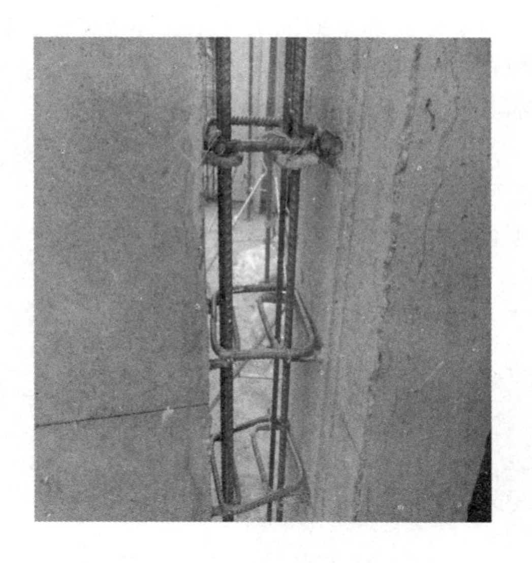

图 5-38　墙—墙连接钢筋绑扎

图 5-39　暗梁（叠合梁）节点钢筋绑扎 1

图 5-40　暗梁（叠合梁）节点钢筋绑扎 2

图 5-41　叠合板钢筋绑扎

（1）预制构件吊装就位后，根据结构设计图纸，绑扎剪力墙垂直连接节点、梁、板连接节点钢筋。

（2）钢筋绑扎前，应先校正预留锚筋、箍筋位置及箍筋弯钩角度。

（3）剪力墙垂直连接节点暗柱、剪力墙受力钢筋采用搭接绑扎，搭接长度应满足规范要求。

（4）暗梁（叠合梁）纵向受力钢筋宜采用帮条单面焊接。

（5）叠合板受力钢筋与外墙支座处锚筋搭接绑扎，搭接长度应满足规范要求，同时应确保负弯矩钢筋的有效高度。叠合板钢筋绑扎完成后，应对剪力墙、柱竖向受力钢筋采用钢筋限位框对预留插筋进行限位，以保证竖向受力钢筋位置准确。

2. 模板支设（图 5-42、图 5-43）

（1）模板及其支架应具有足够的承载能力、刚度和稳定性，能可靠地承受浇筑混凝土的重量、侧压力以及施工荷载。模板应能达到清水混凝土效果。对预留梁头等部位宜采用竹夹板或定型钢模支设，对楼板表面的吊模可选用角钢、槽钢等进行支模。

（2）模板的接缝应粘贴双面胶带或塞海绵条，不应漏浆。

（3）模板与混凝土的接触面应清理干净并涂刷隔离剂，但不得采用影响结构性能或妨碍装饰工程施工的隔离剂。

（4）浇筑混凝土前，模板内的杂物应清理干净。

图 5-42 L形柱模板安装 1

图 5-43 L形柱模板安装 2

5.3 安全规程

5.3.1 吊装工程安全技术规程

（1）吊装前应检查机械、索具、夹具、吊环等是否符合要求并应进行试吊。吊装时注意，安装吊钩前必须要对构件上的预埋吊环进行认真检查，看预埋吊环是否有松动断裂迹象，如有上述现象或其他影响吊装的现象，严禁吊装。

（2）对于安全负责人的指令，要自上而下贯彻到最末端，确保对程序、要点进行完整的传达和指示。

（3）特种施工人员必须持证上岗。

（4）在吊装区域、安装区域设置临时围栏、警示标志，临时拆除安全设施（洞口保护网、洞口水平防护）时一定要取得安全负责人的许可，离开操作场所时需要对安全设施进行复位。禁止工人在吊装范围下方穿越。

（5）使用撬棒等工具，用力要均匀、动作要慢、支点要稳固，防止撬滑发生事故。

（6）构件在未经校正、焊牢或固定之前，不准松绳脱钩。

（7）起吊较重物件时，不可中途长时间悬吊、停滞。

（8）起重吊装所用之钢丝绳，不准触及有电线路和电焊搭铁线或与坚硬物体摩擦。

（9）严格遵守有关起重吊装的“十不吊”中的有关规定。

(10) 操作结束时一定要收拾现场、整理整顿，特别在结束后要对工具进行清点。

5.3.2 电焊工程安全技术规程

(1) 电焊、气割，严格遵守“十不烧”规程操作。

(2) 操作前应检查所有工具、电焊机、电源开关及线路是否良好，金属外壳应有安全可靠接地，进出极应有完整的防护罩，进出端应用铜接头焊牢。

(3) 每台电焊机应有专用电源控制开关。开关的保险丝容量，应为该机的1.5倍，严禁用其他金属丝代替熔断器，完工后，切断电源。

(4) 电气焊的弧火花点与氧气瓶、电石桶、乙炔瓶、木材、油类等危险物品的距离不少于10m。与易爆物品的距离不少于20m。

(5) 乙炔瓶、氧气瓶均应设有安全回火防止器，橡皮管连接处须用轧头固定。

(6) 氧气瓶严防沾染油脂、有油脂衣服、手套等，禁止与氧气瓶、减压阀、氧气软管接触。

(7) 清除焊渣时，面部不应正对焊纹，防止焊渣溅入眼内。

(8) 经常检查氧气瓶与磅表头处的螺纹是否滑牙，橡皮管是否漏气，焊枪嘴和枪身有无阻塞现象。

(9) 注意安全用电，电线不准乱拉，电源线均应架空扎牢。

(10) 焊割点周围和下方应采取防火措施，并应指定专人防火监护。

5.3.3 钢筋工程安全技术规程

1. 钢筋加工

(1) 机械必须设置防护装置，注意每台机械必须一机一闸并设漏电保护开关。

(2) 工作场所保持道路畅通，危险部位必须设置明显标志。

(3) 操作人员必须持证上岗，熟识机构性能和操作规程。

2. 钢筋安装

(1) 搬运钢筋时，要注意前后方向有无碰撞危险或有无钩挂料物，特别是避免碰挂周围和上下方向的电线。人工抬运钢筋及卸料要注意安全。

(2) 在钢筋林立的场所，雷雨时不准操作和站人。绑扎钢筋需带防护手套。

5.3.4 模板工程安全技术规程

(1) 进入施工现场人员必须戴好安全帽，高空作业人员必须佩戴安全带，并应系牢。

(2) 经医生检查认为不适宜高空作业的人员，不得进行高空作业。

(3) 工作前应先检查使用的工具是否牢固，扳手等工具必须用绳链系挂在身上，钉子必须放在工具袋内，以免掉落伤人，工作时要思想集中，防止钉子扎脚和空中滑落。

(4) 安装与拆除上层的模板，应搭脚手架，并设防护栏杆，防止上下在同一垂直面操作。

(5) 两人抬运模板时要互相配合，协同工作。传递模板、工具应用运输工具或绳子系牢后升降，不得乱抛。组合钢模板装拆时，上下应有人接应。钢模板及配件应随装拆随运送，严禁从高处掷下，高空拆模时，应有专人指挥。并在下面标出工作区，用绳子和红白旗加以围栏，暂停人员过往。

（6）支撑、牵杠等不得搭在门窗框和脚手架上。

（7）支模过程中，如需中途停歇，应将支撑、搭头、柱头板等钉牢。拆模间歇时，应将已活动的模板、牵杠、支撑等运走或妥善堆放，防止因踏空、扶空而坠落。

（8）配钢模板配置时正确操作机床，或安排专人操作。

（9）拆除模板一般用长撬棒，人不许站在正在拆除的模板边。

（10）在组合钢模板上架设的电线和使用电动工具，应用36V低压电源或采取其他有效的安全措施。

（11）装、拆模板时禁止使用方木料、钢模板作脚手板。

（12）高空作业要搭设脚手架或操作台，上、下要使用梯子，操作人员严禁穿硬底鞋及高跟鞋作业。

（13）装拆模板时，作业人员要站立在安全地点进行操作，防止上下在同一垂直面工作；操作人员要主动避让吊物，增强自我保护和相互保护的安全意识。

（14）拆模必须一次性拆清，不得留下无撑模板。拆下的模板要及时清理，堆放整齐。

5.3.5 现浇混凝土工程安全技术规程

（1）浇筑混凝土用脚手架，工前应检查，不符合脚手架规程要求，可拒绝使用。施工中应设专人对脚手架和模板、支撑进行检查维护，发现问题，及时处理。

（2）用料斗浇捣混凝土时，指挥扶斗人员与塔吊驾驶员应密切配合，当塔吊放下料斗时，操作人员应主动退让，应随时注意料斗碰头，并应站立稳当，防止料斗碰人堕落。泵车调试臂长时不要站在汽车泵的布料斗下。

（3）使用振动机前应检查电源电压，输电必须安装漏电开关，保护电源线路是否良好，电源线不得有接头，机械运转正常，振动机移动时，不能硬拉电线，更不能在钢筋和其他锐利物上拖拉，防止割破拉断电线而造成触电伤亡事故。

（4）使用振动器时，振捣手要穿胶靴戴胶手套。

5.3.6 塔吊安全技术规程

塔吊起重机的行走限位要齐全、灵敏，止档离端头一般为2～3m；吊钩的高度限位器要灵敏可靠；吊臂的变幅限位要灵敏有效；起重机的超载限位装置也要灵敏、可靠；使用力矩限制器的塔吊，力矩限制器要灵敏、准确、灵活、有效，力矩限制器要有技术人员调试验收单；塔吊吊钩的保险装置要齐全、灵活。

塔身、塔臂的各标准节的连接螺栓应坚固无松动，塔的结构件应无变形和严重腐蚀现象且各个部位的焊缝及主角钢不得有开焊、裂纹等现象。

塔吊司机及指挥人员需经考核、持证上岗。信号指挥人员应有明显的标志，且不得兼任其他工作。要执行“十不吊”的原则：

（1）被吊物重量超过机械性能允许范围不准吊；

（2）信号不清不准吊；

（3）吊物下方有人站立不准吊；

（4）吊物上站人不准吊；

（5）埋在地下物不准吊；

（6）斜拉斜牵物不准吊；

（7）散物捆扎不牢不准吊；

（8）零散物主（特别是小钢横板）不装容器不准吊；

（9）吊物重量不明，吊、索具不符合规定，立式构件、大模板不用卡环不准吊；

（10）六级以上强风、大雾天影响视力和大雨时不准吊。

5.4 水、电施工

装配式建筑通过利用BIM技术来进行技术信息的集成，因为BIM技术可以实现数字虚拟化，然后各种系统主要是通过数字信息化的描述，来实现信息化的协同设计。装配式建筑的水电是通过集成化设计，集成化生产。在生产过程中水电的相关管道已经预埋，集成在构件中。

施工更具有便捷性，而且模板工程现浇混凝土的施工量相对较小，不需要支撑预制楼板，叠合式的楼板模板量也比较少，可以应用预制还有半预制的形式，减少了施工现场的作业量，不仅可以保护环境，节省施工用地，还能合理节约施工材料。另外，建设项目的工期比较短，也大大降低了对周边环境的各种污染。

5.4.1 桁架钢筋混凝土叠合板的水电安装

（1）根据叠合楼板的预制层厚度来选择叠合板上需要预留的电气底盒深度，要确保叠合板预制层要低于底盒接管锁母，才能在后期正常的安装管道。普遍情况下60mm为叠合板预制层的厚度，因此选用的预留底盒深度要在90mm左右，也有部分80mm的预制层厚度，这时就要选择110mm的预留底盒深度。

（2）桁架钢筋和底盒的位置要预留出线管可以进行连接操作的空间，切记不能够过近，保持的间距在100mm以上。

（3）合理设置叠合板上预留底盒接管端口的方向，要以接线管的具体走向来进行确定。要是随意设置接管端口，会使施工变得困难，还会增加线路的绕弯情况和管线的绕弯情况，不利于施工成本的控制。

（4）预留出相应大小的圆孔在叠合板上，穿电气线管的位置，以便在后期可以将线管引至板下。

（5）在地漏构件的选材上，要采用带止水环的，且采用不低于5分的高水封直埋地漏，在预制构件时就要把直埋地漏进行预埋，尽量不使用传统形式的地漏留洞的安装方式，因为在后期安装的过程中还要针对孔洞进行二次浇筑，会增加楼板的渗漏风险。

（6）选择合适高度的叠合板钢筋桁架，不能过于低，也不能过于高。太低的钢筋桁架，会使的现浇层的线管不能顺利穿过，或者桁架的高度过高，会导致上层的钢筋保护层不够，从而影响建筑结构的安全性，并且板面的给水管压槽也不能形成。

5.4.2 钢筋混凝土叠合梁的水电安装

（1）预留的电气线管以及预留套管等，不能预留在在叠合梁上。

（2）在穿叠合梁线管时，预留套管比穿管直径大一个规格，在施工现场敷设线管时，要在套管中穿过电气线管，然后将其引导在叠合梁的下部。

（3）在叠合梁上预留套管时，在梁的中下部进行深化设计，套管直径不得大于梁截面的1/3，并且严格按照深化设计图纸来进行预留套管的安装，使用专用的预埋固定件来使其稳固，然后根据相关规范要求进行加固处理。

5.4.3 钢筋混凝土内外墙板的水电安装

（1）深化设计构件时，钢筋的处理、预埋件的处理、线管和套管的处理、灌浆套筒和底盒的处理以及有预留孔洞位置冲突问题的处理，都可以使用BIM技术，未来使建筑可以达到精装修的要求，当构件在构件厂进行深化时就要调整钢筋的位置，才能使套管还有底盒以预埋件等的位置更具有准确性。

（2）施工图纸中的底盒还有预埋件等多方面的标高都是建筑标高，在进行深化设计预制墙体时，要将其换算成结构标高。另外，需要注意建筑中不同房间地面的建筑标高不是相同的，同一面墙体两侧所相对应的标高也会出现不一样的情况。

（3）为了控制好底盒间的高差和宽度，在剪力墙体上的并排底盒可以采用三联盒，更利于固定实施，为了更加便于固定实施，要使用连体穿筋盒。

（4）预制墙体的下端会有现浇层的线管伸出来，所以通常情况下都会在预制墙体下端预留出相应的凹槽，以方便上下管线的连接。此凹槽的预留有的构件厂预留的规格为200mm×200mm×80mm，但是不便于现场的操作，要是单根的线管，凹槽的预留规格为330mm×200mm×80mm。

（5）为避免墙体有开裂的情况出现，保证结构具有安全性，所以套管尽量避免在墙体构件的边缘设置。

（6）要根据实际情况调整钢筋的位置，才能保障预留预埋位置的准确性，并且根据有关的规范要求将局部进行加固处理，同时在构件的深化设计图纸中要明确相应的加固措施。

（7）在深化构件设计时，还要考虑到给水管道的走向，将给水管槽预留在预制墙体上面，水管槽体的宽度$=de+30$mm，深度$=de+20$mm。

5.4.4 装配式建筑水电安装现场的施工注意事项

（1）水电预留预埋在预制墙体上实施，在一定程度上使施工现场的预埋人工工程量压力得到缓解，更有效保证了预埋预留的质量。

（2）给水压槽会影响和破坏建筑结构，虽然现在有很多开发商在顶棚布设给水管，但是还是未从根源上解决此影响。而装配式建筑，桁架钢筋会影响到板面压槽，保证楼板钢筋保护层具有相应的厚度便能满足给水槽的相关条件，但是水管压槽的深度要有25mm左右才能有效果。

（3）统一规划和布置配电箱的管线。

（4）桁架钢筋不能穿过线管时，可以预先处理桁架钢筋，比如煨弯。

（5）在敷设水管压槽时，要使用专用管卡按照相应规范来进行固定，使其具有牢固性。

（6）线槽抹灰：当槽宽小于 30mm 时，可用 1∶2.5 水泥砂浆掺胶补平；槽宽大于 30mm 时，要用 C20 细石混凝土封堵，面层可用 1∶2.5 水泥砂浆掺胶补平；当槽深大于 30mm 时，要分两次补灰；要保证水管外壁抹灰厚度大于 15mm，并且注意浇水养护，避免槽体处有开裂空鼓的情况。

水电系统安装、集成化安装、管道敷设及室内水电安装施工例图如图 5-44～图 5-51 所示。

图 5-44　水电系统施工安装图

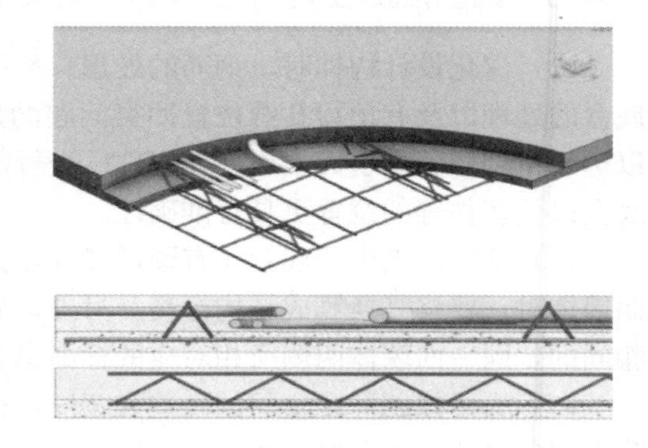

图 5-45　集成化水电施工安装图 1

图 5-46　集成化水电施工安装图 2

图 5-47　水电管道敷设施工安装图

图 5-48　水电室内施工安装图 1

图 5-49　水电室内施工安装图 2

图 5-50　水电室内施工安装图 3

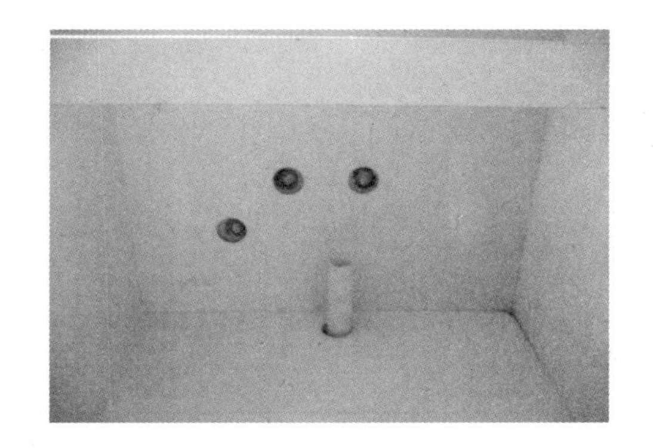

图 5-51　水电室内施工安装图 4

第6章

装配式建筑钢结构施工工法

6.1 钢结构施工工法

钢结构装配前应按结构平面形式分区段绘制吊装图，吊装分区先后次序为：先安装整体框架梁柱结构后楼板结构，平面从中央向四周扩展，先柱后梁、先主梁后次梁吊装，使每日完成的工作量可形成一个空间构架，以保证其刚度，提高抗风稳定性和安全性。

对于多高层建筑，在垂直方向上钢结构构件每节（以三层一节为例）装配顺序为：钢柱安装→下层框架梁→中层框架梁→上层框架梁→测量校正→螺栓初拧、测量校正、高强螺栓终拧→铺上层楼板→铺下、中层楼板→下、中、上层钢梯、平台安装。钢结构一节装配完成后，土建单位立即将此节每一楼层的楼板吊运到位，并把最上面一层的楼板铺好，从而使上部的钢结构吊装和下部的楼板铺设和土建施工过程有效隔离。

6.1.1 基本要求

（1）钢结构工程施工单位应具备相应的钢结构工程施工资质，并应有安全、质量和环境管理体系。

（2）首次涉及的新技术、新工艺、新材料和新结构，使用前应进行试验，并应根据试验结果确定所必须补充的标准，且应经专家论证。

（3）钢结构施工用的专用机具和工具，应满足施工要求，且应在合格检定有效期内。

（4）钢结构施工应按下列规定进行质量过程控制：

1）原材料及成品进行进场验收；凡涉及安全、功能的原材料及半成品，按相关规定进行复验，见证取样、送样；

2）各工序按施工工艺要求进行质量控制，实行工序检验；

3）相关各专业工种之间应进行交接检验；

4）隐蔽工程在封闭前进行质量验收。

6.1.2 施工文件及资料管理

（1）施工资料的管理应符合现行国家标准《建设工程文件归档整理规范》GB/T 50328及专业规范、标准的有关规定。施工文件和工程资料主要包括：施工管理资料、施工技术资料、施工物资资料、测量记录、施工记录、试验记录、施工验收和质量评定资料等。

（2）在施工准备阶段及施工前期应强调在施工组织设计指导下有针对性地编制专项施工方案。重要分项工程、关键工序、季节性施工等应有施工方案和技术措施。方案中项目任务、施工部署、施工组织、施工方法、工艺流程和材料、质量等具体内容应符合工程实际，针对性强。钢结构工程的专项施工方案主要有：

1）安装（吊装）工程方案；

2）高强螺栓连接副紧固工程方案；

3）焊接工程方案；

4）网架安装方案；

5）压型金属板安装方案；

6）季节施工方案（雨期施工、冬期施工）；

7）安全施工方案。

（3）技术交底应具有可操作性。每项施工方案都应进行相应的技术交底和安全交底。

6.1.3 材料管理

1. 材料管理要求

（1）钢结构工程所用的材料应符合设计文件和有关标准规范的要求，并有质量合格证明文件，材料进场后重点检查钢材的质量合格证明文件、中文标志及检验报告是否齐全。

（2）施工单位应制定材料的管理制度，并做到订货、存放、使用规范化。

2. 钢材

（1）钢材订货合同应对材料牌号、规格尺寸、性能指标、检验要求、尺寸偏差等有明确的约定。定尺钢材应留有复验取样的余量。

（2）建筑结构安全等级为一级和大跨度钢结构的主要受力构件材料或进口钢材、板厚等于或大于40mm，且设计有Z向性能要求的厚板，应进行抽样复验。

3. 焊接材料

（1）焊接材料的品种、规格、性能等应符合国家现行有关产品标准和设计要求。焊条、焊丝、焊剂、电渣焊熔嘴等焊接材料应与设计选用的钢材相匹配，全数检查焊接材料的品种、规格、性能等应符合国家产品标准和设计要求。

（2）焊条外观不应有药皮脱落、焊芯生锈等缺陷（图6-1～图6-3）。

4. 紧固件

（1）高强度大六角头螺栓连接副和扭剪型高强度螺栓连接副，应分别有扭矩系数和紧固轴力（预拉力）的出厂合格检验报告，并随箱带（图6-4～图6-7）。

图 6-1　不锈钢焊条图

图 6-2　普通焊条图

图 6-3　铜质焊条图

图 6-4　螺栓图 1

图 6-5　螺栓图 2

图 6-6　螺栓图 3

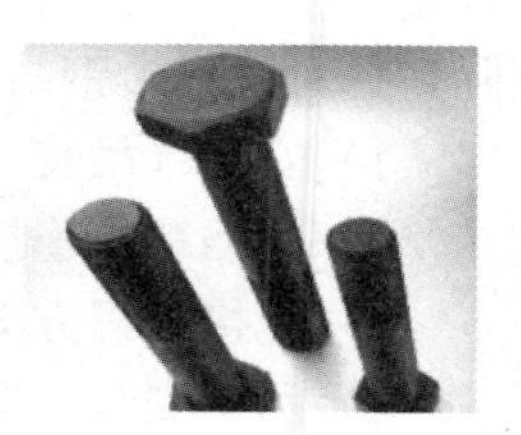

图 6-7　螺栓图 4

(2) 当高强度螺栓连接副保管时间超过 6 个月后使用时，应按相关要求重新进行扭矩系数或紧固轴力试验，并应在合格后再使用。

(3) 建筑结构安全等级为一级，跨度为 40m 及以上的螺栓球节点钢网架结构，其连接高强度螺栓应进行表面硬度试验，8.8 级的高强度螺栓其表面硬度应为 HRC21—29，10.9 级的高强度螺栓其表面硬度应为 HRC32-36，且不得有裂纹或损伤。

5. 焊接球、螺栓球

(1) 焊接球焊缝应进行无损检验，其质量应符合设计要求，当设计无要求时，应符合二级焊缝的质量标准。

(2) 螺栓球不得有过烧、裂纹及褶皱，重点检查螺栓球表面裂纹。

6. 铸钢件

铸钢件进场除检查相关产品质量证明文件外，还要对实物外形尺寸和外观质量进行抽查，重点检查铸造裂纹，必要时进行磁粉检测或超声波检测。

7. 材料存储

(1) 材料入库前要进行检验，核对材料的品种、规格、批号、质量合格证明文件、中文标识和检验报告等，并检查表面质量、包装等。

(2) 检验合格的材料按品种、规格、批号分类堆放，并有标识（图 6-8）。

(3) 钢材堆放应减少钢材的变形和锈蚀，并应放置垫木或垫块。

(4) 焊条、焊丝、焊剂等焊接材料应按品种、规格和批号分别存放在干燥的存储室内；焊条、焊剂及栓钉瓷环在使用时，应按产品说明书的要求进行烘焙。

(5) 连接用紧固件应防止锈蚀和碰伤，不得混批存储。

(6) 涂装材料应按产品说明书的要求进行存储。

图 6-8　钢材图

6.1.4　焊接工程

1. 人员要求

（1）钢结构焊接工程的施工单位应符合下列规定：

1）具有相应的焊接质量管理体系和技术标准；

2）具有相应资格的焊接技术人员、焊接检验人员、无损检测人员、焊工、焊接热处理人员；

3）具有与所承担的焊接工程相适应的焊接设备、检验和试验设备；

4）检验仪器、仪表应经计量检定、校准合格且在有效期内；

5）对承担焊接难度等级为 C 级和 D 级的施工单位，应具有焊接工艺试验室。

（2）从事建筑钢结构工程施工的焊工必须经过考试并取得合格证方可从事焊接工作。持证焊工必须在其考试合格项目及认可范围内施焊（图 6-9～图 6-11）。

图 6-9　焊接施工图

图 6-10　局部焊接图

（3）重要钢结构工程在审核焊工证的同时，还要对焊工进行进场培训考试，现场培训考试合格后持证上岗。

（4）焊缝无损检测人员应取得国家专业考核机构颁发的等级证书，其资格证明在有效期内，并按证书合格项目及权限从事无损检测项目。

图 6-11　焊工上岗证书图

2. 一般焊接工艺要求

（1）经烘焙后低氢型焊条应放入保温筒内，随用随取（图 6-12）。烘焙合格后的焊条外露在空气中不应超过 4h，否则应重新烘焙，焊条反复烘焙不宜超过 2 次（图 6-13）。

图 6-12　焊条保温筒图

图 6-13　施工用焊条图

（2）栓钉焊瓷环保存时应有防潮措施，受潮的焊接瓷环使用前应在 120℃～150℃范围内烘焙 1～2h。

（3）焊接时不得使用药皮脱落或焊芯生锈的焊条和受潮结块的焊剂及已熔烧过的渣壳。

（4）施焊前，焊工应复查构件组装的坡口处理情况。当不符合要求时，应经修整后方可施焊（图 6-14）。

（5）对接接头、T 形接头、角接接头等对接焊缝，应在焊缝的两端设置引弧和引出板，使焊缝在提供的延长段上引弧和终止，其材质和坡口形式应与焊件相同。手工电弧焊及气体保护焊缝引弧板、引出板长度应大于 25mm；埋弧焊等非手工电弧焊引弧板、引出板长度应大于 80mm；焊接时不得在焊道外的母材上引弧，焊接完毕应采用气割切除引弧和引出板，并修磨平整，不得用锤击落。

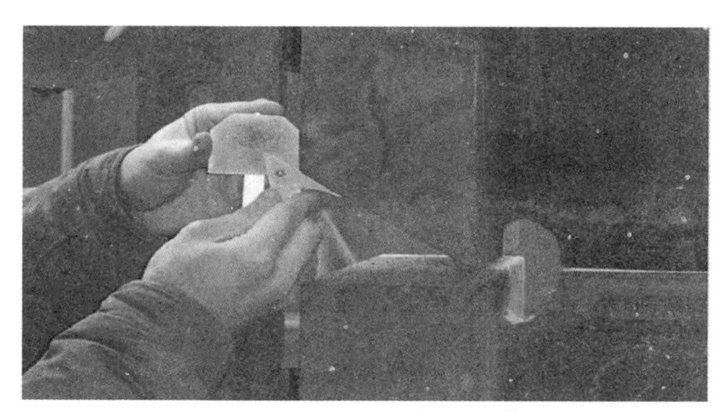

图 6-14 焊处清理图

(6) 钢衬垫板应与接头母材密贴连接，其间隙不应大于 1.5mm，并与焊缝充分熔合。手工电弧焊和气体保护电弧焊时，钢衬垫板厚度不应小于 4mm；埋弧焊接时，钢衬垫板厚度不应小于 6mm；电渣焊时钢衬垫板厚度不应小于 25mm。

(7) 手工电弧焊的作业区风速超过 8m/s、气体保护焊的作业区风速超过 2m/s 时，应采取适当的防风措施。

(8) 构件表面覆盖雨雪等潮湿现象时，应采取有效的清除和火焰加热等措施，待表面干燥后再进行焊接。作业区相对湿度不得大于 90%。

(9) 定位焊所采用的焊接材料型号，应与焊件材质相匹配。焊缝厚度不应小于 3mm，不宜超过设计焊缝厚度的 2/3；长度不宜小于 40mm 和接头中较薄部件厚度的 4 倍；间距宜为 300～600mm。定位焊位置应布置在焊道以内，并应由持合格证的焊工施焊。

(10) 全熔透两面焊焊缝一侧焊接完成后，应在另一侧认真清除焊缝根部的焊渣、焊瘤和未焊透部分，直至露出对面焊缝金属时方可进行焊接。

(11) 多层多道焊的坡口底层焊道采用手工电弧焊时宜使用不大于 ϕ4mm 的焊条施焊，底层焊道的最小尺寸应适宜，但最大厚度不应大于 6mm（图 6-15）。

图 6-15 焊接成品图

(12) 厚板多层焊时应连续施焊，每一道焊缝焊接完成后应及时清除焊渣及表面飞溅物，当发现影响焊接质量的缺陷时，应立即清除后方可再焊。连续焊接的过程中，应注意控制焊接层间温度在工艺文件要求的范围内。遇有中断施焊的情况时，应采取适当的后热、保温措施，再次焊接时重新预热，温度应高于初始预热温度（图 6-16、图 6-17）。

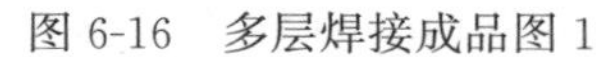

图 6-16　多层焊接成品图 1

图 6-17　多层焊接成品图 2

（13）角焊缝转角处应连续绕角施焊，起落点距焊缝端部宜大于 10mm，弧坑应填满（图 6-18）。

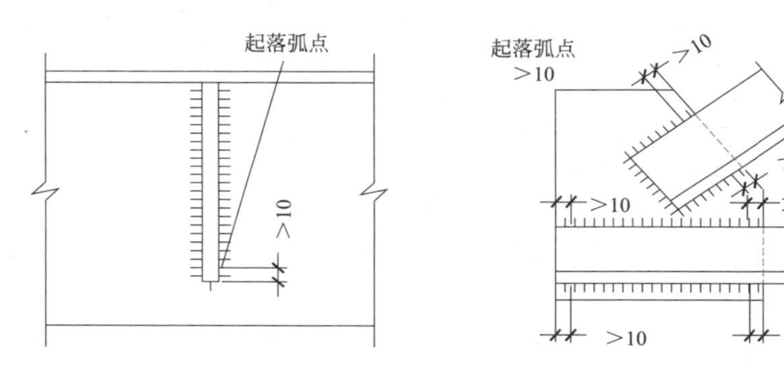

图 6-18　角焊参数图

（14）T 形接头、十字接头、角接接头等要求熔透的对接和角接组合焊缝，其焊脚尺寸不应小于 $t/4$；重级工作制和起重量大于或等于 50t 的中级工作制吊车梁腹板与上翼缘的连接焊缝的焊脚尺寸为 $t/2$，且不应大于 10mm。如图 6-19 所示。

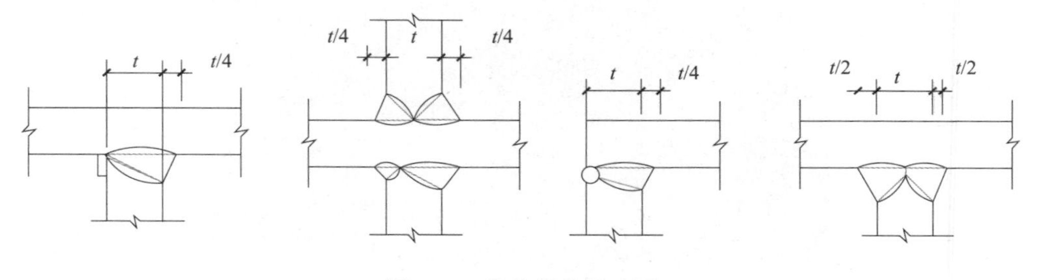

图 6-19　接头焊接尺寸图

（15）焊接完毕，焊工应清理焊缝表面的熔渣及两侧的飞溅物，检查焊缝外观质量。检查合格后应在工艺规定的焊缝及部位打上焊工钢印号（图 6-20、图 6-21）。

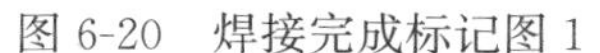

图 6-20　焊接完成标记图 1

图 6-21　焊接完成标记图 2

（16）焊钉焊接的构件应水平放置，焊接前清除构件表面影响焊接的污物。

3. 预热和后热

（1）预热和道间温度控制宜采用电加热、火焰加热和红外线加热等方法加热，并采用专用的测温仪器测量。预热的加热区域在焊接坡口两侧，宽度应为焊件施焊处板厚的 1.5 倍以上，且不应小于 100mm。温度测量点：当为非封闭空间构件时，宜在焊件受热面的背面离焊接坡口两侧不小于 75mm 处；当为封闭空间构件时，宜在正面离焊接坡口两侧不小于 100mm 处（图 6-22、图 6-23）。

图 6-22　焊接位置预热图

图 6-23　焊接温度测试图

（2）厚度大于 50mm 的碳素结构钢和厚度大于 36mm 的低合金结构钢，施焊前应进行预热，焊后应进行后热。预热温度宜控制在 100～150℃；后热温度由试验确定。

（3）后热处理应在焊后立即进行，保温时间应根据每 25mm 板厚 1h 确定（图 6-24、图 6-25）。

4. 安装焊接

（1）安装焊接一般顺序应根据结构平面图的特点，以对称轴为界或以不同体形结合处为界，配合吊装顺序进行安装焊接。

1）在吊装、校正和栓焊混合节点的高强螺栓终拧完成若干节间以后开始焊接，以利于形成稳定框架（图 6-26）。

2）焊接时应根据结构体形特点选择若干基准柱或基准节间，由此开始焊接主梁与柱间的焊缝，然后向四周扩展施焊，以避免收缩变形向一个方向累积。

图 6-24　焊接处后热处理图 1

图 6-25　焊接处后热处理图 2

图 6-26　构件混合节点焊接图

（2）一节柱待各层梁安装好后应先焊上层梁、后焊下层梁，以使框架稳固，便于施工。

（3）栓焊混合节点中，应先栓（如腹板的连接）后焊（翼板），以避免焊接收缩引起栓孔的位移。

（4）柱—梁节点两侧对称的两根梁端应同时与柱相焊，既可以避免焊接裂纹产生，又可以防止柱的偏斜。

（5）柱—柱节点焊接由下层往上层顺序焊接，由于焊缝横向收缩，再加上重力引起的沉降，有可能使标高误差累积，应视实际情况预先放量或后续柱调整柱长。

（6）各种节点的焊接顺序：柱—柱拼接节点的焊接顺序，如图 6-27 所示。

1）H 形柱—柱焊接顺序。两翼板由两名焊工同时施焊，这样可以防止钢柱因两翼板收缩不同而在焊接后产生偏斜。腹板较厚甚至超过翼板厚度时，可在翼板焊至 1/3 厚度以后，两名焊工同时移至腹板两侧施焊，当对称施焊 1/3 后，再移至两翼板对称施焊，如此反复到焊完。

2）十字形柱—柱焊接顺序。十字形柱的截面实际上是由两个 H 形截面组合而成，

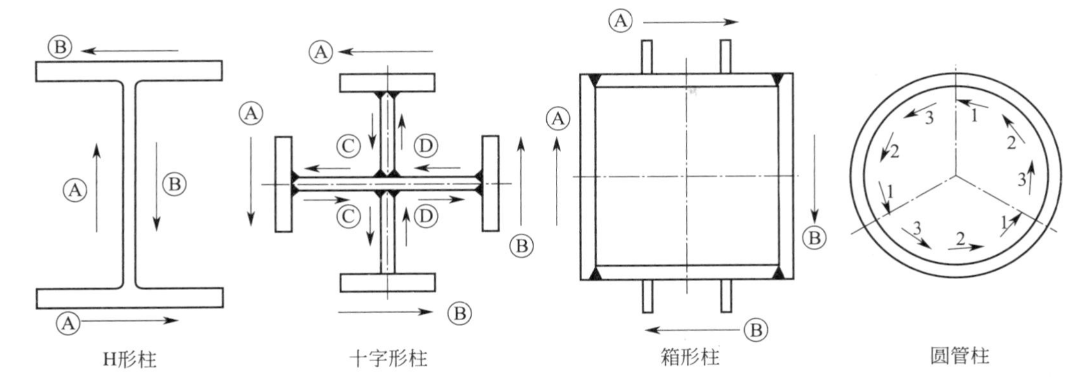

图 6-27　节点焊接顺序图

其方法类同于 H 形柱焊接。首先焊接一对翼缘，再对称焊接另一对翼缘，然后同时对称焊接十字形腹板，若腹板较厚（>30mm），也可以采取各焊 1/3 的方法，轮流施焊至结束。

3）箱形柱—柱焊接顺序。柱中对称的两个柱面板由两名焊工同时对称施焊。首先在无连接板的一侧焊至 1/3 板厚，割去柱间连接板，并同时换侧对称施焊，接着两人分别继续在另一侧施焊，如此轮换至焊完整个接头。

4）圆管柱—柱焊接顺序。由 2～3 名焊工沿圆周分区同时、对称施焊。如果管径大于 1m 时，还可以由多名焊工同时分段退焊法施焊。

5）倾斜圆管柱—柱焊接顺序。由于焊接操作条件限制焊接姿势不能进行连续变化，因此，宜将焊接接头分成四个部分进行焊接。

①先在仰焊位置由 A、B 焊工分别左、右向焊接，焊接时要求基本同步。

②焊至 1/3～1/2 板厚后，切去吊装耳板，进行打磨修整后继续焊接。当管径大于 1m 时，宜由 4 名焊工同时在四个部位同时施焊。

③每两层间的焊道的接头应相互错开，两名焊工的焊道接头也要注意每层错开。

6）柱—梁和梁—梁连接节点焊接顺序。当梁的截面形式为 H 形时，为安装时便于定位，往往采用栓焊混合连接形式，即腹板用高强螺栓连接，翼板为全焊透连接，安装时先栓后焊，因此焊接时产生变形的可能性很小，而拘束力较大。

7）H 形梁连接采取全焊接时，一般先焊翼板，因为翼板厚度通常大于腹板，焊接收缩量较大，先焊收缩自由度较大，不易产生焊接裂纹。先焊下翼板，然后上翼板。其厚度超过 30mm 后，应上下翼板轮换施焊。

8）箱形梁—梁的焊接时（图 6-28），首先由两焊工用立向焊接（V）位置对称焊接箱形梁的两腹板，然后焊接箱形梁下翼缘的对接平焊（F）焊缝，再焊接上翼盖板的两条平焊（F）焊缝，最后焊接腹板与翼板之间的纵向横焊（H）焊缝（为了使下翼板对

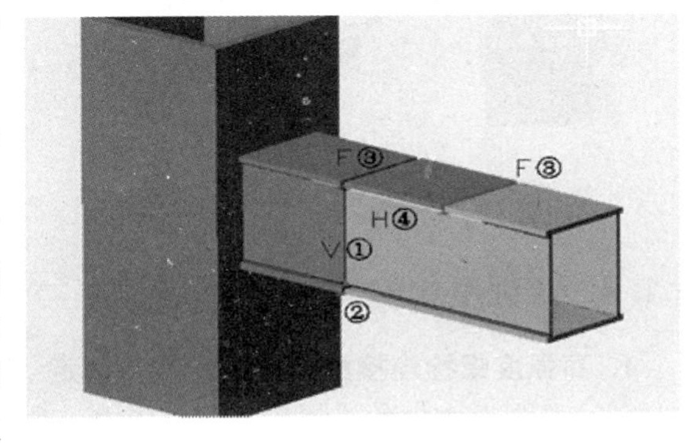

图 6-28　箱形梁—焊接顺序图

接焊缝为平焊，上翼板部分是分离的，故有两条焊缝）。

（7）由于大跨度结构总装累计误差而产生焊口过大时，应由技术人员会同设计人员审核商定，宜采用单边堆焊焊接方法处理（图 6-29），严格执行焊接工艺措施，以满足焊接质量要求。

1）焊口垫板固定在堆焊一侧母材上；

2）单侧母材堆焊至正常坡口间隙及高度；

3）打磨堆焊表面并进行检验（超声或磁粉 24h 后进行）；

4）检测合格后按正常焊口焊接。

焊接工程施工现场如图 6-30～图 6-33 所示。

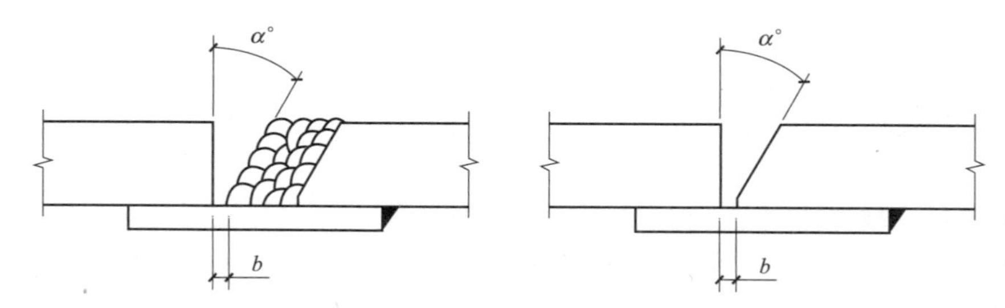

图 6-29　大跨度构件单边焊接示意图

图 6-30　焊接工程施工图 1

图 6-31　焊接工程施工图 2

6.1.5　高强度螺栓连接

1. 高强度螺栓连接副组合及长度的确定

（1）高强度大六角头螺栓连接副应由一个螺栓、一个螺母和两个垫圈组成，扭剪型高强度螺栓连接副应由一个螺栓、一个螺母和一个垫圈组成。

图 6-32　焊接工程施工图 3

图 6-33　焊接工程施工图 4

(2) 高强度螺栓长度应以螺栓连接副终拧后外露 2～3 扣丝为标准计算，可按下列公式计算：

$$I=I'+\Delta I$$

式中　I——高强度螺栓长度；

I'——连接板层总厚度；

ΔI——附加长度，按表 6-1 选取。

高强度螺栓附加长度（单位：mm）　　**表 6-1**

高强度螺栓种类	螺栓规格						
	M12	M16	M20	M22	M24	M27	M30
高强度大六角头螺栓	23	30	35.5	39.5	43	46	50.5
扭剪型高强度螺栓	—	26	31.5	34.5	38	41	45.5

2. 高强度螺栓安装

(1) 扭剪型高强度螺栓安装时，螺母带圆台面的一侧应朝向垫圈有倒角的一侧；大六角头高强度螺栓安装时，螺栓头下垫圈有倒角的一侧应朝向螺栓头，螺母带圆台面的一侧应朝向垫圈有倒角的一侧。

(2) 高强度螺栓现场安装时应能自由穿入螺栓孔，不得强行穿入。螺栓不能自由穿入时，可采用铰刀、锉刀修整螺栓孔。当个别偏差过大而不能采用铰刀处理时，应将该孔用塞焊的方法焊满，磨平后重新打孔，不得采用气割扩孔，扩孔数量应征得设计单位同意，修整后或扩孔后的孔径不应超过螺栓直径的 1.2 倍（图 6-34）。

图 6-34　高强度螺栓连接图

3. 高强度大六角头螺栓连接副采用扭矩法施拧

(1) 施工用的扭矩扳手使用前应进行校正，其扭矩相对误差不得超过±5%；校正用的扭矩扳手，其扭矩相对误差不得超过±3%。

（2）施拧分为初拧和终拧，大型节点应在初拧和终拧间增加复拧（图 6-35）。初拧扭矩可取终拧扭矩的 50%，复拧扭矩应等于初拧扭矩。按表 6-2 选取。

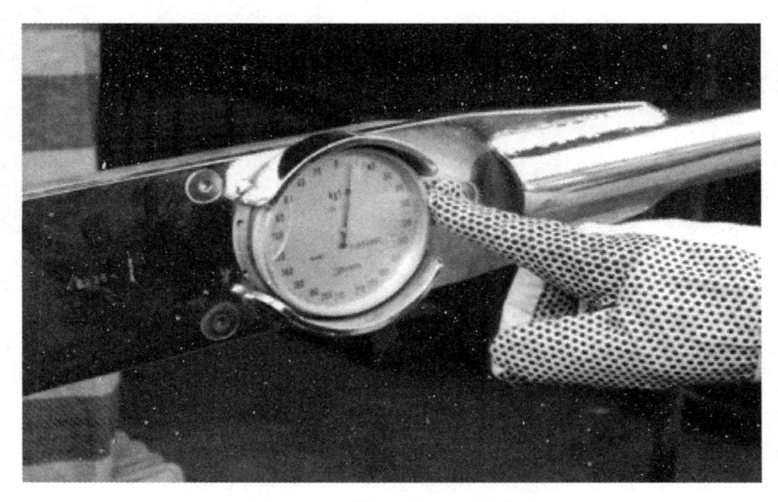

图 6-35　螺栓拧扭矩测试图

高强度大六角头螺栓施工预拉力（单位：kN）　　**表 6-2**

螺栓性能等级	螺栓公称直径(mm)						
	M12	M16	M20	M22	M24	M27	M30
8.8S	50	90	140	165	195	255	310
10.9S	60	110	170	210	250	320	390

（3）施拧时要在螺母上施加扭矩。

（4）初拧或复拧后应对螺母涂画颜色标记。

4. 扭剪型高强度连接副螺栓采用专用电动扳手施拧

（1）施拧分为初拧和终拧，大型节点宜在初拧和终拧间增加复拧。

（2）初拧扭矩值可按表 6-3 选用；复拧扭矩应等于初拧扭矩。

扭剪型高强度螺栓初拧（复拧）扭矩值　　**表 6-3**

螺栓公称直径(mm)	M16	M20	M22	M24	M27	M30
初拧(复拧)扭矩(N·m)	115	220	300	390	560	760

（3）终拧应以拧掉螺栓尾部梅花头为准。

5. 高强度螺栓连接节点螺栓群初拧、复拧和终拧的施拧顺序

（1）一般接头应从接头中心顺序向两端进行，如图 6-36 所示。

（2）箱形接头应按图 6-37 所示 A、B、C、D 的顺序进行。

（3）工字梁接头螺栓群应按图 6-38 所示①～⑥顺序进行。

（4）工字形柱对接螺栓紧固顺序为先翼缘后腹板。

（5）两个或多个接头螺栓群的拧紧顺序应先主要构件接头，后次要构件接头。

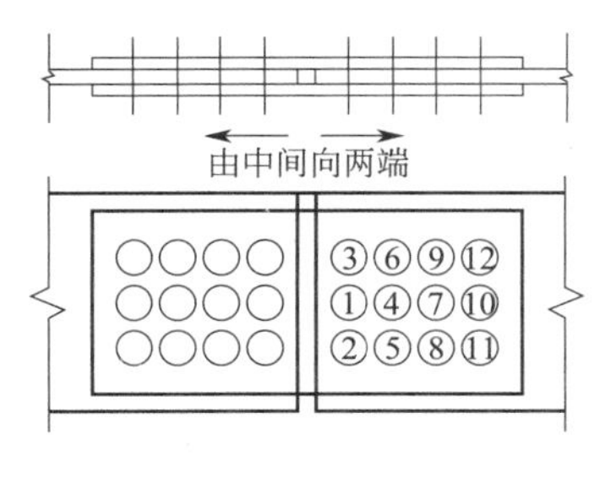

图 6-36　一般接头顺序图

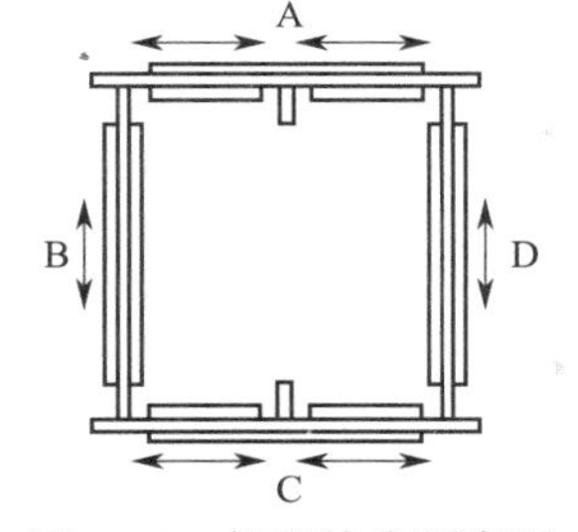

图 6-37　箱形接头顺序图

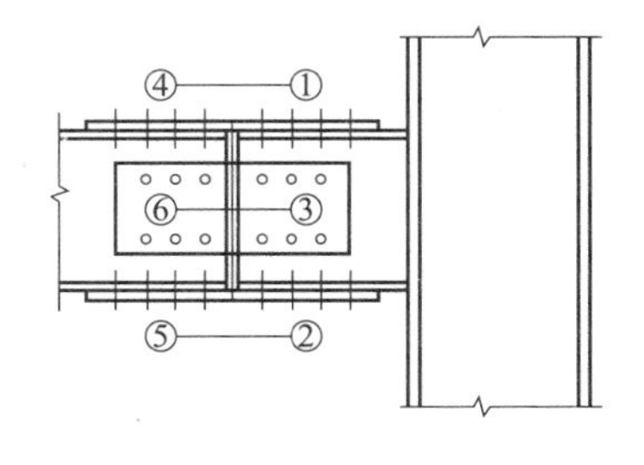

图 6-38　工字接头顺序图

6. 高强度大六角头螺栓连接用扭矩法施工紧固

（1）检查终拧颜色标记，并应用 0.3kg 重小锤敲击螺母，对高强度螺栓进行逐个检查。

（2）终拧扭矩应按节点数 10％抽查，且不应少于 10 个节点；对每个被抽查节点应按螺栓数的 10％抽查，且不应少于 2 个螺栓（图 6-39、图 6-40）。

（3）扭矩检查宜在螺栓终拧 1h 以后、24h 之前完成，检查用的扭矩扳手，其相对误差不得大于±3％。

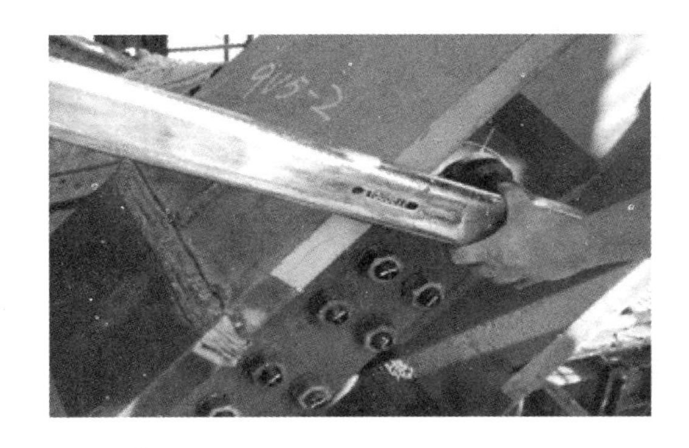

图 6-39　螺栓扭矩抽样检测图 1

图 6-40　螺栓扭矩抽样检测图 2

7. 扭剪型高强度螺栓终拧检查

应以目测尾部梅花头拧断为合格。

螺栓球节点网架总拼完成后，高强度螺栓与球节点应紧固连接，螺栓拧入螺栓球内的螺纹长度不应小于螺栓直径的 1.1 倍，连接处不应出现有间隙、松动等未拧紧情况。

扭剪型高强度螺栓因施工条件不能使用电动扳手紧固的情况下，应采用大六角头高强度螺栓的手动扭矩扳手紧固方法紧固。扭矩系数按 0.13 计算。按此种方法进行初拧、终拧的螺栓应在施工记录中做详细记录。

高强度螺栓连接副的初拧、复拧、终拧，宜在 24h 内完成。

经验收合格的紧固件连接节点与拼接接头，应按设计文件的规定及时进行防腐和防火涂装。接触腐蚀性介质的接头应用防腐腻子等材料封闭。

按照现行国家标准《钢结构工程施工质量验收标准》GB 50205 的有关规定分别进行高强度螺栓连接摩擦面的抗滑移系数试验。

当高强度螺栓连接节点按承压型连接或张拉型连接进行强度设计时，可不进行摩擦面抗滑移系数的试验。

6.1.6 施工测量

1. 准备工作

（1）施工测量前，应根据设计施工图和钢结构安装要求，编制测量专项方案。

（2）钢结构安装前应复测土建单位提供的建筑物轴线、标高及其轴线基准点、标高水准点，并设置钢结构施工测量控制网（图 6-41、图 6-42）。

（3）各控制桩要有防止碰损保护措施。基准点处预埋 100mm×100mm 钢板，用钢针刻划十字线定点，线宽 0.2mm，并在交点上打上洋冲眼，钢板以外的混凝土面上放出十字延长线。并在旁边做好醒目的标志。

图 6-41　基准点位置图 1　　图 6-42　基准点位置图 2

2. 平面控制网

（1）平面控制网可根据场区地形条件和建筑物的结构形式，布设十字轴线或矩形控制网，平面布置为异形的建筑可根据建筑物形状布设多边形控制网。

（2）建筑物的轴线控制桩应根据建筑物的平面控制网测定，定位放线可选择直角坐标法、极坐标法、角度（方向）交会法、距离交会法等方法。

（3）建筑物平面控制网，四层以下宜采用外控法，四层及以上宜采用内筑物底层控制网为基础，通过仪器竖向垂直接力投测。竖向投测宜以每 50～80m 设一转点。

（4）轴线控制基准点投测至中间施工层后，应进行控制网平差校核。调整后的点位精度应满足边长相对误差达到 1/20000 和相应的测角中误差±10″的要求。设计有特殊要求时应根据限差确定其放样精度。

3. 高程控制网

（1）首级高程控制网应按闭合环线、附合路线或节点网形布设。高程测量的精度，不宜低于三等水准的精度要求。

（2）钢结构工程高程控制点的水准点，可设置在平面控制网的标桩或外围的固定地物上，也可单独埋设。水准点的个数不应少于 3 个。

（3）建筑物标高的传递宜采用悬挂钢尺测量方法进行。钢尺读数时应进行温度、尺长和拉力修正。标高向上传递时宜从两处分别传递，面积较大或高层结构宜从一处分别传递。当传递的标高误差不超过±3.0mm时，可取其平均值作为施工楼层的标高基准；超过时，则应重新传递。

4. 钢结构施工测量

（1）钢结构安装前，应对建筑物的定位轴线、底层柱的轴线、柱底基础标高进行复核，合格后再开始安装。

（2）预埋件或地脚螺栓测量：

1）预埋件或螺栓锚固前后，中线与土建垫层上纵横轴线需重合。

2）埋件锚固前后需实测预埋件或各组螺栓高程。

（3）钢柱安装测量：

1）钢柱安装前，应在柱身四面分别画出中线或安装线，弹线允许误差为1mm。

2）平面控制（图6-43、图6-44）：单层厂房竖直钢柱安装时，应在相互垂直的两轴线方向上采用经纬仪，同时校测钢柱垂直度。高层及超高层钢结构每节钢柱的控制轴线应从基准控制轴线的转点引测，不得从下层柱的轴线引出。柱顶轴线利用传递上来的平面控制点，通过全站仪或经纬仪进行平面控制网放线，把轴线（坐标）放到柱顶上。

图6-43　平面控制放线图1

图6-44　平面控制放线图2

3）高程控制（图6-45～图6-48）：一般用相对标高方法进行测量标高控制，采用悬吊钢尺传递标高，利用标高控制点，采用水准仪和钢尺测量的方法引测。在同一层的标高点应检测相互闭合，闭合后的标高则作为该施工层标高测量的后视点并做好标记。

图6-45　高程测量图

图6-46　高程标高测量图

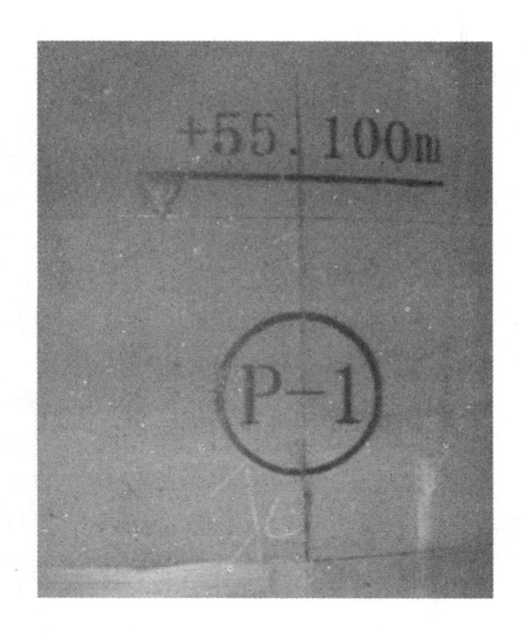

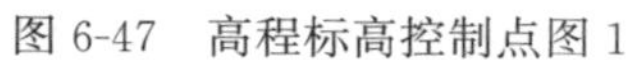

图 6-47　高程标高控制点图 1　　图 6-48　高程标高控制点图 2

4）垂直度校正及调整：钢柱校正采用无缆风校正法，在钢柱的偏差一侧打入钢楔或用千斤顶支顶。垂直度测量采用 2 台经纬仪在钢柱的两个互相垂直的方向同时进行跟踪观测控制。对由于安装误差、焊接变形、日照温度、钢结构弹性等因素引起的误差值，通过总结经验预留出垂偏值。在保证单节钢柱垂直度不超过规定的前提下，注意焊缝收缩对垂直度的影响，采用合理的焊接顺序以减少焊接收缩对钢柱垂直度的影响，可采用千斤顶和手拉葫芦进行调整。

5）焊接监控：钢柱焊接过程中要求施工测量，必须跟踪观测其垂偏变化情况，并以此指导焊接（图 6-49）。

图 6-49　焊接测量控制图

（4）钢网架（桁架）安装测量：

1）钢网架（桁架）拼装完成后，采用高精度全站仪、经纬仪、水平仪等对拼装完成的桁架的外形、接口、起拱度等进行测量验收。

2）在网架、桁架安装好后需采用高精度全站仪监测桁架起拱度、挠度。

（5）钢梁安装测量：

1）安装钢梁前，应测量钢梁两端柱的垂直度变化，还应监测邻近各柱因梁连接而产生的垂直度变化；待一区域整体构件安装完成后，应进行结构整体复测。对有些钢柱一侧没有钢梁焊接连接的，要求在焊接前对钢柱的垂直度进行预偏，通过焊接收缩对钢柱的垂直度进行调整。

2）同一根梁两端的水平度，允许偏差为（$L/1000$）+3mm（L 为梁长），且不大于10mm。钢梁水平度超标的主要原因是连接板位置或螺孔位置有误差，可采取更换连接板或塞焊孔重新制孔进行处理。

（6）钢结构安装时，应分析日照、焊接等因素可能引起构件的伸缩或弯曲变形，并应采取相应措施。安装过程中，宜对下列项目进行观测，并应做记录：

1）柱、梁焊缝收缩引起柱身垂直度偏差值；

2）钢柱受日照温差、风力影响的变形；

3）塔吊附着或爬升对结构垂直度的影响。

（7）高度在 150m 以上的建筑钢结构，整体垂直度宜采用 GPS 或相应方法进行测量复核。

（8）对于空间异型桁架、复杂空间网格、倾斜钢柱等复杂结构的定位可由全站仪直接架设在控制点上进行三维坐标测定，也可由水准仪对标高、全站仪对空间坐标进行共同测控。

（9）钢结构变形监测：重型塔形支撑结构基础、独立柱基的沉降观测可采用精密电子水准仪进行观测。钢结构施工过程中、施工完成后的变形监测可采用高精度全站仪三维坐标测量的方法。采用特殊工艺如整体提升或滑移工艺时，对结构及支撑系统的检测可采用贴应变片的方式进行数据采集和分析。监测频次以反映荷载变化和施工进度对钢结构产生的变形量为准，当变形趋势明显异常或接近最大允许变量时，应增加变形监测的频次。

（10）测量记录：

1）控制网交接验线记录；

2）定位轴线放线记录；

3）水平、高程抄测记录；

4）安装校正测量记录（垂偏、位移）。

6.1.7 钢结构工程安装

1. 安装准备

（1）钢构件堆放：现场应设置专门的构件堆场，并应采取防止构件变形及表面污染的保护措施（图 6-50）。

（2）安装前按构件明细表核对进场的构件，查验产品合格证（图 6-51～图 6-54）；工厂预拼装过的构件在现场组装时，应根据预拼装记录进行。

图 6-50 钢构件堆放图

图 6-51 构件型号检查图 1

图 6-52 构件型号检查图 2

图 6-53 构件尺寸复查图 1

图 6-54 构件尺寸复查图 2

（3）吊装前应清除表面上的油污、冰雪、泥沙和灰尘等杂物，并应做好轴线和标高标记。

2. 起重设备和吊具

(1) 钢结构安装宜采用塔式起重机、履带吊、汽车吊等定型产品(图 6-55)。选用非定型产品作为起重设备时，要编制专项方案，并经评审后再组织实施。

图 6-55 钢构件垂直吊装施工图

(2) 起重设备应根据起重设备性能、结构特点、现场环境、作业效率等因素综合确定。

(3) 起重设备需要附着或支承在结构上时，必须得到设计单位同意，并进行结构安全验算。

(4) 钢结构吊装作业必须在起重设备的额定起重量范围内进行。

(5) 当构件重量超过单台起重设备的额定起重量范围时，构件可采用抬吊的方式吊装。

1) 起重设备应进行合理的负荷分配，构件重量不得超过两台起重设备额定起重量总和的 75%，单台起重设备的负荷量不得超过额定起重量的 80%。

2) 吊装作业应进行安全验算并采取相应的安全措施，应有经批准的抬吊作业专项方案。

3) 吊装操作时应保持两台起重设备升降和移动同步，两台起重设备的吊钩、滑车组均应基本保持垂直状态。

(6) 用于吊装的钢丝绳、吊装带、卸扣、吊钩等吊具应经检查合格，并应在其额定许可荷载范围内使用。

3. 基础、支承面和预埋件

(1) 钢结构安装前应对建筑物的定位轴线、基础轴线和标高、地脚螺栓位置等进行检查，并应办理交接验收(图 6-56)。

(2) 当基础工程分批进行交接时，每次交接验收不应少于一个安装单元的柱基基础，基础混凝土强度应达到设计要求；基础周围回填夯实应完毕；基础的轴线标志和标高基准点应准确、齐全。

(3) 建筑物的定位轴线、基础上柱的定位轴线和标高、地脚螺栓(锚栓)的规格和位

图 6-56 施工前平面位置检查图

置、地脚螺栓（锚栓）锚固应符合设计要求，当设计无要求时，应符合钢结构安装允许偏差的规定。

（4）锚栓及预埋件安装：

1）宜采取锚栓定位支架、定位板等辅助固定措施。

2）锚栓和预埋件安装到位后，应可靠固定；当锚栓埋设精度较高时，可采用预留孔洞、二次埋设等工艺（图 6-57、图 6-58）。

3）锚栓应采取防止损坏、锈蚀和污染的保护措施。丝扣部分预先涂好黄油，用塑料布包好，防止在施工过程中被碰坏或沾上水泥浆。

图 6-57 锚栓图

图 6-58 预埋螺栓图

4）钢柱地脚螺栓紧固后，外露部分应采取防止螺母松动和锈蚀的措施。

4. 构件安装

（1）钢柱安装：

1）柱脚安装时，锚栓宜使用导入器或护套。

2）首节钢柱安装后应及时进行垂直度、标高和轴线位置校正，钢柱的垂直度应采用经纬仪测量；校正合格后钢柱应可靠固定，并应进行柱底二次灌浆，灌浆前应清除柱底板与基础间杂物。

3）首节以上的钢柱定位轴线应从地面控制轴线直接引上，不得从下层柱的轴线引上，钢柱校正垂直度时，应确定钢梁接头焊接的收缩量，并应预留焊缝收缩变形值（图 6-59）。

图 6-59　钢柱定位轴线标记图

4）倾斜钢柱可采用三维坐标测量法进行测校，也可采用柱顶投影点结合标高进行测校，校正合格后宜采用刚性支撑固定。

（2）钢梁安装：

1）钢梁宜采用两点起吊。当单根钢梁长度大于 21m，采用两点吊装不能满足构件强度和变形要求时，宜设置 3～4 个吊装点吊装或采用平衡梁吊装，吊点位置应通过计算确定（图 6-60、图 6-61）。

2）钢梁可采用一机一吊或一机串吊的方式吊装，就位后立即临时固定连接。

3）钢梁面的标高及两端高差可采用水准仪与标尺进行测量，校正完成后应进行永久性连接（图 6-62、图 6-63）。

图 6-60　钢梁吊装施工图 1

图 6-61　钢梁吊装施工图 2

图 6-62　钢梁安装施工图 1

图 6-63　钢梁安装施工图 2

（3）支撑安装：

1）交叉支撑宜按从下到上的顺序组合吊装。

2）支撑构件的校正宜在相邻结构校正固定后进行（支撑构件安装后对结构的刚度影响较大）。

（4）桁架（屋架）安装应在钢柱校正合格后进行。钢桁架（屋架）可采用整榀或分段安装；在吊装过程中防止产生变形；安装时可采用缆绳或刚性支撑增加侧向临时约束（图 6-64、图 6-65）。

图 6-64　钢桁架施工加固图

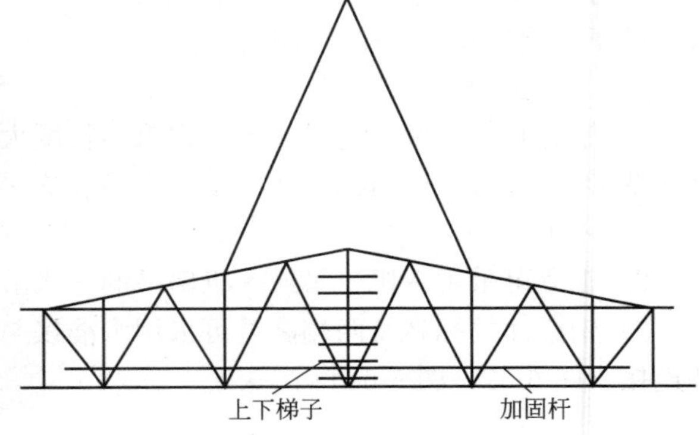

图 6-65　钢桁架施工加固示意图

（5）钢板剪力墙主要为抗侧向力构件，竖向承载力较小，所以安装时间和顺序应符合设计文件要求。

（6）钢铸件或铸钢节点安装出厂时应标识清晰的安装基准标记；现场焊接应严格按焊接工艺专项方案施焊和检验。

（7）由多个构件在地面组拼的重型组合构件吊装时，吊点位置和数量应经计算确定。

（8）后安装构件应根据设计文件或吊装工况的要求进行安装。其加工长度宜根据现场实际测量确定。当后安装构件与已完成结构采用焊接连接时，应采取减少焊接变形和焊接残余应力措施（图 6-66）。

图 6-66　后安构件施工图

5. 单层钢结构

（1）单跨结构宜从跨端一侧向另一侧、中间向两端或两端向中间的顺序进行吊装。多跨结构，宜先吊主跨、后吊副跨；当有多台起重设备共同作业时，也可多跨同时吊装。

（2）单层钢结构在安装过程中，应及时安装临时柱间支撑或稳定缆绳，应在形成空间结构稳定体系后再扩展安装。单层钢结构安装过程中形成的临时空间结构稳定体系应能承受结构自重、风荷载、雪荷载、施工荷载以及吊装过程中冲击荷载的作用（图 6-67、图 6-68）。

图 6-67　单层钢结构施工图 1

图 6-68　单层钢结构施工图 2

6. 多层、高层钢结构

（1）多层及高层钢结构宜划分多个流水作业段进行安装，流水段宜以每节框架为单位（图 6-69、图 6-70）。流水段划分原则：

1）流水段内的最重构件应在起重设备的起重能力范围内。

2）起重设备的爬升高度应满足下节流水段内构件的起吊高度。

3）每节流水段内的柱长度应根据工厂加工、运输堆放、现场吊装等因素确定，长度宜取 2～3 个楼层高度，分节位置宜在梁顶标高以上 1.0～1.5m 处。

4）流水段的划分应与混凝土结构施工相适应。

5）每节流水段可根据结构特点和现场条件在平向上划分流水区进行施工。

图 6-69　多层、高层钢结构施工图 1

图 6-70　多层、高层钢结构施工图 2

（2）流水作业段内的构件吊装宜符合下列规定：

1）吊装可采用整个流水段内先柱后梁或局部先柱后梁的顺序；单柱不得长时间处于悬臂状态；

2）钢楼板及压型金属板安装应与构件吊装进度同步；

3）特殊流水作业段内的吊装顺序应按安装工艺确定，并应符合设计文件的要求。

（3）多层及高层钢结构安装校正应依据基准柱进行，基准柱应能够控制建筑物的平面尺寸并便于其他柱的校正，宜选择角柱为基准柱；钢柱校正宜采用合适的测量仪器和校正工具；基准柱校正完毕后，再对其他柱进行校正（图 6-71、图 6-72）。

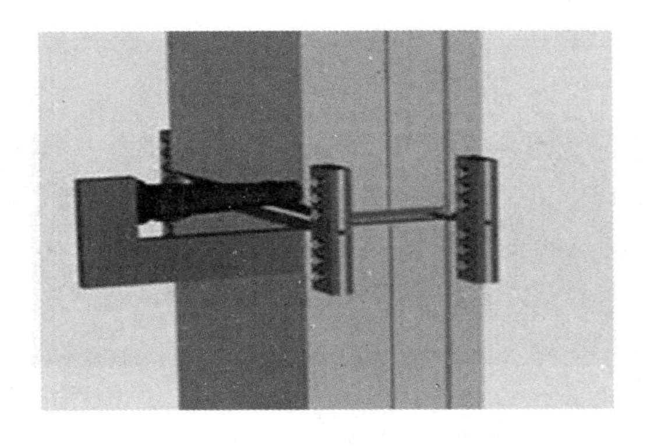

图 6-71　钢结构安装校正图 1

图 6-72　钢结构安装校正图 2

（4）多层及高层钢结构安装时，楼层标高可采用相对标高或设计标高进行控制，当采用设计标高控制时，应以每节柱为单位进行柱标高调整，并应使每节柱的标高符合设计的要求；建筑物总高度的允许偏差为 $H/1000$，且不大于 30mm；同一层内各节柱的柱顶高度差为 5mm。

（5）同一流水作业段、同一安装高度的一节柱，当各柱的全部构件安装、校正、连接完毕并验收合格后，应再从地面引放上一节柱的定位轴线。

（6）高层钢结构安装时应分析竖向压缩变形对结构的影响，并应根据结构特点和影响程度采取预调安装标高、设置后连接构件等相应措施。

7. 大跨度空间钢结构

（1）大跨度空间钢结构可根据结构特点和现场施工条件，采用高空散装法、分条分块吊装法、滑移法、单元或整体提升（顶升）法、整体吊装法、高空悬拼安装法等安装方法。

（2）空间结构吊装单元的划分应根据结构特点、运输方式、起重设备性能、安装场地条件等因素确定。

（3）大跨度空间钢结构施工应分析环境温度变化对结构的影响。

（4）小拼单元网架结构应在专门胎架上小拼，以保证小拼单元的精度和互换性。胎架在使用前必须进行检验，合格后再拼装。在整个拼装过程中，要随时对胎具位置和尺寸进行复核，如有变动，经调整后方可重新拼装（图 6-73～图 6-75）。

图 6-73　构件拼装施工图 1

图 6-74　构件拼装施工图 2

（5）中拼单元网架片或条、块的中拼装应在平整的刚性平台上进行。拼装前，应在空心球表面用套模划出杆件定位线，做好定位标记，在平台上按 1∶1 放大样，搭设立体模来控制网架的外形尺寸和标高，拼装时应设调节支点来调节钢管与球的同心度。如图 6-76、图 6-77 所示。

焊接球节点网架结构在拼装前应考虑焊接收缩，其收缩量可通过试验确定，试验时可参考下列数值：钢管球节点加衬管时，每条焊缝的收缩量为 1.5～3.5mm。钢管球节点不加衬管时，每条焊缝的收缩量为 2～3mm。焊接钢板节点，每个节点收缩量为 2～3mm。

图 6-75　构件拼装施工图 3

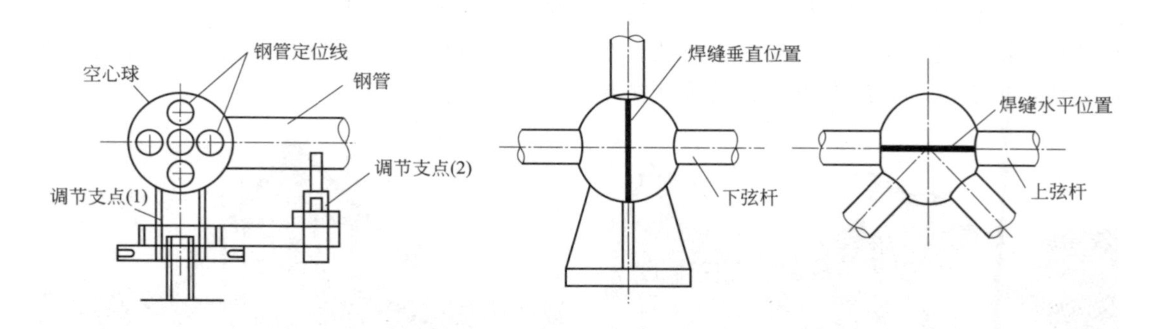

图 6-76　拼装平面定位示意图

图 6-77　拼装立面定位示意图

6.1.8　压型金属板安装

（1）压型金属板安装前，应绘制各楼层压型金属板铺设的排板图；图中包含压型金属板的规格、尺寸和数量，与主体结构的支承构造和连接详图以及封边挡板等内容。

（2）压型金属板安装前，应在支承结构上标出压型金属板的位置线。铺放时，相邻压型金属板端部的波形槽口应对准（图 6-78）。

（3）压型金属板应采用专用吊具装卸和转运，严禁直接采用钢丝绳绑扎吊装（图 6-79）。

（4）压型金属板与主体结构（钢梁）的锚固支承长度应符合设计要求，且不应小于 50mm；端部锚固可采用点焊、贴角焊或射钉连接，设置位置应符合设计要求（图 6-80、图 6-81）。

图 6-78　压型板底部钢梁布置图

图 6-79　压型板堆放图

图 6-80　压型板安装施工图 1

图 6-81　压型板安装施工图 2

(5) 转运至楼面的压型金属板应当天安装和连接完毕，当有剩余时应固定在钢梁上或转移到地面堆场。

(6) 支承压型金属板的钢梁表面应保持清洁，压型金属板与钢梁顶面的间隙应控制在 1mm 以内。

(7) 安装边模封口板时，应与压型金属板波距对齐，偏差不大于 3mm。

(8) 压型金属板安装应平整、顺直，扣缝吻合，板面不得有施工残留物和污物（图 6-82、图 6-83）。

图 6-82　压型板安装施工检查图

图 6-83　压型板安装施工清理图

（9）压型金属板需预留设备孔洞时，应在混凝土浇筑完毕后使用等离子切割或空心钻开孔，不得采用火焰切割。

（10）设计文件要求在施工阶段设置临时支承时，应在混凝土浇筑前设置临时支承，待浇筑的混凝土强度达到规定强度后方可拆除。混凝土浇筑时应避免在压型金属板上集中堆载。

6.1.9 涂装工程

1. 基本要求

（1）钢结构防腐涂装施工宜在加工厂构件组装和预拼装工程检验批的施工质量验收合格后进行。涂装完毕后，宜在构件上标注构件编号，大型构件应标明重量、重心位置和定位标记。

（2）钢结构防火涂料涂装施工应在钢结构安装工程和防腐涂装工程检验批施工质量验收合格后进行。

（3）涂装施工时，应采取相应的环境保护和劳动保护措施。

2. 表面处理

（1）构件采用涂料防腐涂装时，表面除锈等级可按设计文件及现行国家标准《涂覆涂料前钢材表面处理　表面清洁度的目视评定 第1部分：未涂覆过的钢材表面和全面清除原有涂层后的钢材表面的锈蚀等级和处理等级》GB 8923.1的有关规定，采用机械除锈和手工除锈方法进行处理。

（2）经处理的钢材表面不应有焊渣、焊疤、灰尘、油污、水和毛刺等。

3. 油漆防腐涂装

（1）油漆防腐补涂可采用涂刷法、手工滚涂法。

（2）钢结构涂装时的环境要求：

1）当产品说明书对涂装环境温度和相对湿度未作规定时，环境温度宜为5～38℃，相对湿度不应大于85%，钢材表面温度应高于露点温度3℃，且铜材表面温度不应超过40℃；

2）施工物体表面不得有凝露；

3）遇雨、雾、雪、强风天气时应停止露天涂装，应避免在强烈阳光照射下施工；

4）涂装后4h内应采取保护措施。避免淋雨和沙尘侵袭；

5）风力超过5级时，室外不宜喷涂作业。

（3）涂料调制应搅拌均匀，应随拌随用，不得随意添加稀释剂。

（4）不同涂层间的施工应有适当的重涂间隔时间，最大及最小重涂间隔时间应符合涂料产品说明书的规定，应超过最小重涂间隔再施工，超过最大重涂间隔时应按涂料说明书的指导进行施工。

（5）表面除锈处理与涂装的间隔时间宜在4h之内。

（6）工地焊接部位的焊缝两侧宜留出暂不涂装的区域，焊缝及焊缝两侧也可涂装不影响焊接质量的防腐涂料。

（7）表面涂有工厂底漆的构件，因焊接、火焰校正、暴晒和擦伤等造成重新锈蚀或附有白锌盐时，应经表面处理后再按原涂装规定进行补漆（图6-84、图6-85）。

（8）运输、安装过程的涂层碰损、焊接烧伤等，应根据原涂装规定进行补涂。

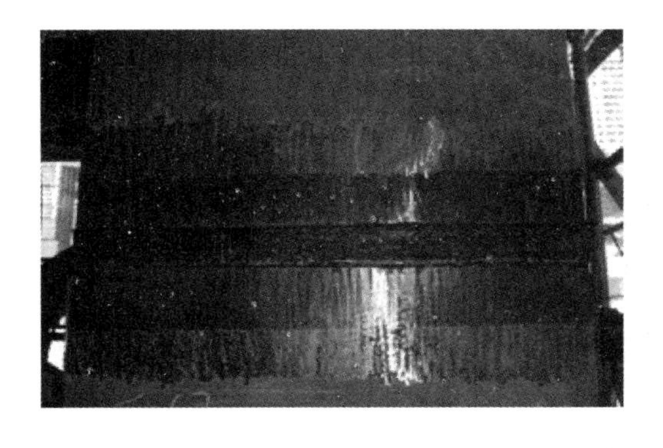

图 6-84　焊接处补漆处理图 1

图 6-85　焊接处补漆处理图 2

（9）补漆前应对母材基面按原基面处理要求进行处理。现场表面处理应采用抛光钢丝轮清理，进行表面处理，并达到相应规定要求后，在 4h 内进行补漆涂装。

4. 防火涂装

（1）钢结构防火涂料，应符合下列规定：

1）室内裸露钢结构、轻型屋盖钢结构及有关装饰要求的钢结构，当规定其耐火极限在 1.5h 及以下时，宜选用超薄型钢结构防火涂料；

2）室内隐蔽钢结构、高层全钢结构及多层厂房钢结构，当规定耐火极限在 1.5h 以上时，应选用薄型或厚型钢结构防火涂料；

3）露天钢结构，应选用适合室外用的钢结构防火涂料。

（2）防火涂料涂装前，应进行钢材表面除锈及防腐涂装。

（3）基层表面应无油污、灰尘和泥沙等污垢，且防锈层应完整、底漆无漏刷。构件连接处的缝隙应采用防火涂料或其他防火材料填平。

（4）防火涂料可按产品说明书的要求在现场进行搅拌或调配。当天配置的涂料应在产品说明书规定的时间内用完。

（5）厚涂型防火涂料，属于下列情况之一时，宜在涂层内设置与构件相连的钢丝网或其他相应的措施：

1）承受冲击、振动荷载的钢梁；

2）涂层厚度大于或等于 40mm 的钢梁和桁架；

3）涂料粘结强度小于或等于 0.05MPa 的构件；

4）钢板墙和腹板高度超过 1.5m 的钢梁。

（6）防火涂料施工可采用喷涂、抹涂或滚涂等方法。

（7）防火涂料涂装施工应分层施工，第一层喷涂以基本盖住钢材表面即可，以后喷涂厚度为 5～10mm。在上层涂层干燥或固化后，再进行下道涂层施工。

（8）喷涂时，喷枪要垂直于被喷涂钢构件表面，喷距为 6～10mm，喷涂气压保持在 0.4～0.6MPa。喷枪运行速度要保持稳定，不能在同一位置久留。用涂层厚度测量仪、测针和钢尺检查。

（9）薄涂型防火涂料涂层表面裂纹宽度不应大于 0.5mm；厚涂型防火涂料涂层表面裂纹宽度不应大于 1.0mm。

(10) 厚涂型防火涂料有下列情况之一时，应重新喷涂或补涂：

1) 涂层干燥固化不良，粘结不牢或粉化、脱落；

2) 钢结构接头和转角处的涂层有明显凹陷；

3) 涂层厚度小于设计规定厚度的 85%；

4) 涂层厚度未达到设计规定厚度，且涂层连续长度超过 1m。

(11) 薄涂型防火涂料面层涂装施工应注意：

1) 面层应在底层涂装干燥后开始涂装；

2) 面层涂装应颜色均匀、一致，接槎应平整。

6.1.10 钢结构工程试验

工程准备阶段应根据工程材料情况制定检验试验计划，制作检验试验计划表，如表 6-4 所示。

检验试验计划表 **表 6-4**

材料名称	规格	材料数量	试验项目	代表数量	取样数量	见证委托	备注

计划编制________ 审核__________ 编制日期________

1. 钢材复验

钢材的进场验收，属于下列 6 种情况之一的钢材应进行抽样复验，且应是见证取样、送样。

(1) 对国外进口的钢材，应进行抽样复验；当具有国家进出口质量检验部门的复验商检报告时，可以不再进行复验。

(2) 由于钢材经过运转、调剂等方式供应到用户后容易产生混炉号，而钢材是按炉号和批号发材质合格证，因此对于混批的钢材应进行复验。

(3) 厚钢板存在各向异性（X、Y、Z 三个方向的屈服点、抗拉强度、伸长率、冷弯、冲击值等各指标，以 Z 向试验最差，尤其是塑料盒冲击功值），因此当板厚等于或大于 40mm，且承受沿板厚方向拉力时，应进行复验。

(4) 对于大跨度钢结构来说，弦杆或梁用钢板为主要受力构件，应进行复验。

(5) 当设计提出对钢材的复验要求时，应进行复验。

(6) 对质量有疑义的钢材，主要是指：

1) 对质量证明文件有疑义时的钢材；

2) 质量证明文件不全的钢材；

3) 质量证明书中的项目少于设计要求的钢材。

2. 焊接材料试验

符合下列情况的钢结构工程的焊接材料应进行抽样复验，复验结果应符合现行国家产品标准和设计要求。该复验应为见证取样、送样检验项目。

(1) 建筑结构安全等级为一级的一、二级焊缝。

(2) 建筑结构安全等级为二级的一级焊缝。

(3) 大跨度结构中一级焊缝。

(4) 重级工作制吊车梁结构中一级焊缝。

(5) 设计要求。

3. 高强螺栓复验

(1) 扭剪型高强度螺栓连接副预拉力复验。复验用的螺栓应在施工现场待安装的螺栓中随机抽取，每批应抽取8套连接副进行复验。每套连接副只应做一次试验，不得重复使用。在紧固中垫圈发生转动时，应更换连接副，重新试验。

(2) 高强螺栓连接副扭矩系数的复验：

1) 复验用的螺栓应在施工现场待安装的螺栓中随机抽取，每批（3000套）应抽取8套连接副进行复验。

2) 每套连接副只应做一次试验，不得重复使用。在紧固中垫圈发生转动时，应更换连接副，重新试验。

3) 每组8套连接副扭矩系数平均值应为0.110～0.150，标准偏差小于或等于0.010。

4. 高强螺栓连接抗滑移系数的复验

(1) 钢结构制造厂和安装单位应分别以钢结构制造批为单位进行抗滑移系数试验。制造批可按分部（子分部）工程划分规定的工程量每2000t为一批，不足2000t的可视为一批。选用两种或两种以上表面处理工艺时，每种处理工艺单独检验。每批三组试件。

(2) 抗滑移系数试验应采用双摩擦面的两栓拼接的拉力试件（图6-86）。

图6-86 连接件拉力试验试件图

(3) 抗滑移系数试验用的试件由制造厂加工，试件与所代表钢结构构件应为同一材质、同批制作、采用同一摩擦面处理工艺和具有相同的表面状态，并应用同批同一性能等级的高强度连接副，在同一环境条件下存放。

5. 焊接工艺评定

(1) 焊接工艺评定试验：首次采用的钢材、焊接材料、焊接方法、接头形式、焊接位置、焊后热处理制度以及焊接工艺参数、预热和后热措施等各种参数及参数的组合条件，应在钢结构制作及安装前进行焊接工艺评定。

（2）施工单位根据所承担的钢结构的设计节点形式，制定焊接工艺评定方案，拟定相应的焊接工艺评定指导书，包括下列内容：

1）焊接方法和焊接方法的组合；

2）母材的规格、牌号、厚度及覆盖范围；

3）填充金属的规格、类别和型号；

4）焊接接头形式、坡口形式、尺寸及其允许偏差；

5）焊接位置；

6）焊接电源的种类及极性；

7）清根处理；

8）焊接工艺参数（焊接电流、焊接电压、焊接速度、焊层和焊道分布）；

9）预热温度及道间温度范围；

10）焊后消除应力处理工艺；摩擦系数 $\mu=0.57$，滑动载荷为 505kN，螺栓轴力 $P=223$kN，螺栓规格为 M24，摩擦面喷砂处理结论：符合设计要求，$\mu\geqslant0.45$。

（3）应有监理单位对施工单位的焊接工艺评定施焊过程进行见证，并由具有相应资质的检测单位对拟定的焊接工艺进行评定，并出具焊接工艺评定报告。

（4）免予焊接工艺评定的限制条件，免予评定的焊接工艺必须由该施工单位焊接工程师和单位技术负责人签发书面文件。适用范围如下：

1）免予评定的焊接方法及施焊位置应符合表 6-5 的规定；

免予评定的焊接方法及施焊位置表 **表 6-5**

焊接方法类别号	焊接方法	代号	施焊位置
1	焊条电弧焊	SMAW	平、横、立
2-1	半自动实心焊丝二氧化碳气体保护焊（短路过渡除外）	GMAW-CO_2	平、横、立
2-2	半自动实心焊丝富氩＋二氧化碳气体保护焊	GMAW-Ar	平、横、立
2-3	半自动药芯焊丝二氧化碳气体保护焊	FCAW-G	平、横、立
5-1	单丝自动埋弧焊	SAW（单丝）	平、平角
9-2	非穿透栓钉焊	SW	平

2）免予评定的母材和焊缝金属组合应符合表 6-6 的规定，钢材厚度不应大于 40mm，质量等级应为 A、B 级；

免予评定的母材和匹配的焊缝金属要求表 **表 6-6**

母材			焊条（丝）和焊剂-焊丝组合分类等级			
钢材类别	母材最小标称屈服强度	钢材牌号	焊条电弧焊 SMAW	实心焊丝气体保护焊 GMAW	药芯焊丝气体保护焊 FCAW-G	埋弧焊 SAW（单丝）
Ⅰ	＜235MPa	Q195 Q215	GB/T5117： E43XX	GB/T8110： ER49-X	GB/T10045： E43XT-X	GB/T5293： F4AX-H08A
Ⅰ	≥235MPa 且 ＜300MPa	Q235 Q275 Q235GJ	GB/T5117： E43XX E50XX	GB/T8110： ER49-X ER50-X	GB/T10045： E43XT-X E50XT-X	GB/T5293： F4AX-H08A GB/T12470： F48AX-H08MnA

续表

母材		焊条(丝)和焊剂-焊丝组合分类等级				
钢材类别	母材最小标称屈服强度	钢材牌号	焊条电弧焊 SMAW	实心焊丝气体保护焊 GMAW	药芯焊丝气体保护焊 FCAW-G	埋弧焊 SAW(单丝)
Ⅱ	≥300MPa 且≤355MPa	Q345 Q345GJ	GB/T5117： E50XX GB/T5118： E5015 E5016-X	GB/T8110： ER50-X	GB/T17493： E50XT-X	GB/T5293： F5AX-H08MnA GB/T12470： F48AX-H08MnA F48AX-H10Mn2 F48AX-H10Mn2A

3）免予评定的最低预热、道间温度应符合表 6-7 的规定。

免予评定的钢材最低预热、道间温度表　　表 6-7

4 钢材类别	钢材牌号	设计对焊接材料要求	接头最厚部件的板厚 t(mm)	
			$t\leqslant20$	$20<t\leqslant40$
Ⅰ	Q195、Q215、Q235、Q235GJ Q275、20	非低氢型	5℃	20℃
		低氢型		5℃
Ⅱ	Q345、Q345GJ	非低氢型		40℃
		低氢型		20℃

注意：

①接头形式为坡口对接，一般拘束度；

②SMAW、GMAW、FCAW-G 热输入为 15～25kJ/cm；SAW-S 热输入为 15～45kJ/cm；

③采用低氢型焊材时，熔敷金属扩散氢（甘油法）含量应符合下列规定：

a. 焊条 E4315、E4316 不应大于 8mL/100g；

b. 焊条 E5015、E5016 不应大于 6mL/100g；

c. 药芯焊丝不应大于 6mL/100g。

④焊接接头板厚不同时，应按最大板厚确定预热温度；焊接接头材质不同时，按高强度、高碳当量的钢材确定预热温度；

⑤环境温度不应低于 0℃。

(5) 焊缝尺寸应符合设计要求，最小焊脚尺寸要符合表 6-8 中的要求；最大单道焊焊缝尺寸要符合表 6-9 中的要求。

角焊缝最小焊脚尺寸（mm）表　　表 6-8

母材厚度 t_1	角焊缝最小焊脚尺寸 h_{2f}
$t_1\leqslant6$	33
$6<t_1\leqslant12$	5

续表

母材厚度 t_1	角焊缝最小焊脚尺寸 h_{2f}
$6<t_1\leqslant 12$	6
$t>20$	8

注：1. 采用不预热的非低氢焊接方法进行焊接时，t_1 等于焊接接头中较厚件厚度，宜采用单道焊缝；采用预热的非低氢焊接方法或低氢焊接方法进行焊接时，t_1 等于焊接接头中较薄件厚度；

2. 焊缝尺寸不要求超过焊接接头中较薄件厚度的情况除外；

3. 承受动荷载的角焊缝最小焊脚尺寸为 5mm。

单道焊最大焊缝尺寸表　　表 6-9

<table>
<tr><th rowspan="2">焊道类型</th><th rowspan="2">焊接位置</th><th rowspan="2">焊缝类型</th><th colspan="3">焊接方法</th></tr>
<tr><th>焊条电弧焊</th><th>气体保护焊
和药芯焊丝
自我保护焊</th><th>单丝埋弧焊</th></tr>
<tr><td rowspan="4">根部焊道</td><td>平焊</td><td rowspan="4">全部</td><td>10mm</td><td>10mm</td><td rowspan="2">—</td></tr>
<tr><td>横焊</td><td>8mm</td><td>8mm</td></tr>
<tr><td>立焊</td><td>12mm</td><td>12mm</td><td rowspan="2">—</td></tr>
<tr><td>仰焊</td><td>8mm</td><td>8mm</td></tr>
<tr><td></td><td>全部</td><td>全部</td><td>5mm</td><td>6mm</td><td>6mm</td></tr>
<tr><td rowspan="4"></td><td>平焊</td><td rowspan="4">角焊缝</td><td>10mm</td><td>12mm</td><td>12mm</td></tr>
<tr><td>横焊</td><td>8mm</td><td>10mm</td><td>8mm</td></tr>
<tr><td>立焊</td><td>12mm</td><td>12mm</td><td rowspan="2">—</td></tr>
<tr><td>仰焊</td><td>8mm</td><td>8mm</td></tr>
</table>

（6）焊接工艺参数应符合下列规定：

1）免予评定的焊接工艺参数要符合表 6-10 的规定；

2）要求完全焊透的焊缝，单面焊时应加衬垫，双面焊时应清根；

3）焊条电弧焊焊接时焊道最大宽度不超过焊条标称直径的 4 倍，实心焊丝气体保护焊、药芯焊丝气体保护焊焊接时焊道最大宽度不应超过 20mm；

4）导电嘴与工件距离：埋弧自动焊 40mm±10mm；气体保护焊 20mm±7mm；

5）保护气种类：二氧化碳；富氩气体，混合比例为氩气 80%＋二氧化碳 20%；

6）保护气流量：20～50L/min。

7）免予评定的各类焊接节点构造形式、焊接坡口的形式和尺寸必须符合现行国家标准《钢结构焊接规范》GB 50661 的相关要求，并应符合下列规定：

①斜角角焊缝两面角 $\psi>30°$；

②管材相贯接头局部两面角 $\psi>30°$。

8）免予评定的结构荷载特性应为静载；

9）焊丝直径不符合表 6-10 的规定时，不得免予评定；

10）当焊接工艺参数按表 6-10、表 6-11 的规定值变化范围超过《钢结构焊接规范》GB 50661—2011 第 6.3 节的规定时，不得免予评定。

各种焊接方法免予评定的焊接工艺参数范围　　表 6-10

焊接方法代号	焊条或焊丝型号	焊条或焊丝直径(mm)	电流(A)	电流极性	电压(V)	焊接速度(cm/min)
SMAW	EXX15 EXX16 EXX03	3.2 4.0 5.0	80～140 110～210 160～230	EXX15：直流反接 EXX16：交、直流 EXX03：交流	18～26 20～27 20～27	8～18 10～20 10～20
GMAW	ER-XX	1.2	打底 180～260 填充 220～320 盖面 220～280	直流反接	25～38	25～45
FCAW	EXX1T1	1.2	打底 160～260 填充 220～320 盖面 220～280	直流反接	25～38	30～55
SAW	HXXX	3.2 4.0 5.0	400～600 450～700 500～800	直流反接或交流	24～40 24～40 34～40	25～65

注：表中参数为平、横焊位置。立焊电流应比平、横焊减小 10%～15%。

拉弧式栓钉焊免予评定的焊接工艺参数范围　　表 6-11

焊接方法代号	栓钉直径(mm)	电流(A)	电流极性	焊接时间(s)	提升高度(mm)	伸出长度(mm)
SW	13 16	900～1000 1200～1300	直流正接	0.7 0.8	1～3	3～4 4～5

免予焊接工艺评定的钢材表面及坡口处理、焊接材料储存及烘干、引弧板及引出板、焊后处理、焊接环境、焊工资格等要求应符合现行国家标准《钢结构焊接规范》GB 50661 的规定。

（7）除上述免予评定条件外，对于焊接难度等级为 A、B、C 级的钢结构焊接工程，其焊接工艺评定有效期为 5 年；对于焊接难度等级为 D 级的钢结构焊接工程应按工程项目进行焊接工艺评定。

6. 钢网架节点承载力试验

对建筑结构安全等级为一级，跨度 40m 及以上的公共建筑钢网架结构，且设计有要求时，应按下列项目进行节点承载力试验，其结果应为合格。

（1）焊接球节点应按设计指定规格的球及其匹配的钢管焊接成试件，进行轴心拉、压承载力试验，其试验破坏荷载值大于或等于 1.6 倍设计承载力为合格。

（2）螺栓球节点应按设计指定规格的球最大螺栓孔螺纹进行抗拉强度保证荷载试验，当达到螺栓的设计承载力时，螺孔、螺纹及封板仍完好无损为合格（图 6-87、图 6-88）。

7. 防火涂料试验

（1）钢结构防火涂料的粘结强度、抗压强度应进行复验。薄型防火涂料每 100t 或不足 100t 应抽验一次粘结强度；厚型防火涂料每 500t 或不足 500t 应抽验一次粘结强度和抗压强度试验。

（2）涂装后的厚度检验，同类构件数抽查 10%，且均不应少于 3 件。

1）薄型防火涂料的厚度应符合有关耐火极限的设计要求。

2）厚型防火涂料的厚度，80%及以上面积应符合有关耐火极限的设计要求，且最薄处厚度不应低于设计要求的 85%。

图 6-87　螺栓球节点抗拉试验图

图 6-88　螺栓球节点抗压试验图

6.1.11　钢结构工程质量标准

1. 焊缝质量等级及缺陷分级

焊缝内部质量和外部质量及缺陷分级如表 6-12、表 6-13 所示。

一、二级焊缝内部质量等级及缺陷分级　　表 6-12

焊缝质量等级		一级	二级
内部缺陷超声波探伤	评定等级	Ⅱ	Ⅲ
	检验等级	B 级	B 级
	探伤比例	100%	20%
内部缺陷射线探伤	评定等级	Ⅱ	Ⅲ
	检验等级	AB 级	AB 级
	探伤比例	100%	20%

注：探伤比例的计数方法应按以下原则确定：(1) 对工厂制作焊缝，应按每条焊缝计算百分比，且探伤长度应不小于 200mm，当焊缝长度不足 200mm 时，应对整条焊缝进行探伤；(2) 对现场安装焊缝，应按同一类型、同一施焊条件的焊缝条数计算百分比，探伤长度应不小于 200mm，并应不少于 1 条焊缝。

焊缝外观质量等级及缺陷分级（mm）　　表 6-13

<table>
<tr><th colspan="2">焊缝质量等级</th><th>一级</th><th>二级</th><th>三级</th></tr>
<tr><td rowspan="10">外观缺陷</td><td rowspan="2">未焊满(指不足设计要求)</td><td rowspan="2">不允许</td><td>≤0.2+0.02t 且≤1.0</td><td>≤0.2+0.04t 且≤2.0</td></tr>
<tr><td colspan="2">每 100.0 焊缝内缺陷总长≤25.0</td></tr>
<tr><td rowspan="2">根部收缩</td><td rowspan="2">不允许</td><td>≤0.2+0.02t 且≤1.0</td><td>≤0.2+0.04t 且≤2.0</td></tr>
<tr><td colspan="2">长度不限</td></tr>
<tr><td>咬边</td><td>不允许</td><td>≤0.05t 且 ≤ 0.5；连续长度≤100.0，且焊缝两侧咬边总长小 10%焊缝全长</td><td>≤0.1t 且≤1.0，长度不限</td></tr>
<tr><td>弧坑裂纹</td><td colspan="2">不允许</td><td>允许存在个别长≤5.0 的弧坑裂纹</td></tr>
<tr><td>电弧擦伤</td><td colspan="2">不允许</td><td>允许存在个别电弧擦伤</td></tr>
<tr><td>飞溅</td><td colspan="3">清除干净</td></tr>
</table>

续表

焊缝质量等级		一级	二级	三级
外观缺陷	接头不良	不允许	缺口深度≤0.05t 且≤0.5	缺口深度≤0.05t 且≤0.5
	表面夹渣	不允许		深≤0.2t 长≤0.5t 且≤20
	表面气孔	不允许		每 50.0 长度焊缝内允许直径≤0.4t 且≤3.0 气孔 2 个； 孔距大于或等于 6 倍孔径
	角焊缝厚度不足(按设计焊缝厚度计)	—		≤0.3+0.05t 且 2.0 每 100.0 焊缝长度内缺陷总长≤25.0
	角焊缝焊脚不对称	—		差值≤2+0.2t

2. 钢结构安装允许偏差及检查方法

钢结构安装允许偏差及检查方法如表 6-14 所示。

钢结构安装允许偏差及检查方法 **表 6-14**

项次	项目		允许偏差值(mm)		检查方法
			国家规范标准	精品工程标准	
1	定位轴线	基础上柱、柱高	1	1	经纬仪 尺量
		杯口位置	10	5	
		地脚螺栓(锚栓)移位	2	1	
		底层柱对定位轴线	3	2	
2	标高	支承面、地脚锚栓	±3	2	水准仪 尺量
		座浆垫板顶面	0,−3	0,−3	
		杯口底面	0,−5	0,−3	
		基础上柱底	±2	±2	
3	垂直度	杯口、单节柱	H/1000 且≯10	8	经纬仪 尺量
		单层结构跨中	H/250 且≯15	10	
		多层、高层整体结构	H/1000 且≯25	20	
4	网架结构安装	支承面顶板位置	15	10	水准仪 尺量
		支座锚栓中心偏移	±5	±5	
		支座中心偏移	≯30	≯20	
		纵、横向长度	±30	±20	
		相邻支座高差(周边)	L/400 且≯15	≯10	
5	压金属板安装	檐口与屋脊平行度	12	10	尺量
		檐口相邻板端错位	6	5	
		墙板包角板垂直度	H/800 且≯25	≯20	
		墙板相邻板下端错位	6	5	
6	现场焊缝组对间隙	无垫板间隙	0,+3	0,+3	尺量
		有垫板间隙	−2,+3	0,+3	

6.1.12 钢结构工程施工效果展示

钢结构工程施工效果如图 6-89～图 6-95 所示。

图 6-89 钢结构工程施工效果图 1

图 6-90 钢结构工程施工效果图 2

图 6-91 钢结构工程施工效果图 3

图 6-92　钢结构工程施工效果图 4

图 6-93　钢结构工程施工效果图 5

图 6-94　钢结构工程施工效果图 6

图 6-95　钢结构工程施工效果图 7

6.2 轻钢结构施工工法

装配式建筑轻钢结构房屋是以冷弯薄壁型钢构件为基本结构骨架，以新型结构板材为结构体系，配以其他保温、装饰材料经工厂集成生产和现场装配而成的房屋建筑体系。

6.2.1 基础工程

装配式建筑轻钢结构房屋的基础可以用钢筋混凝土条形基础或型钢加钢锚钉基础。其施工流程如图 6-96 所示。

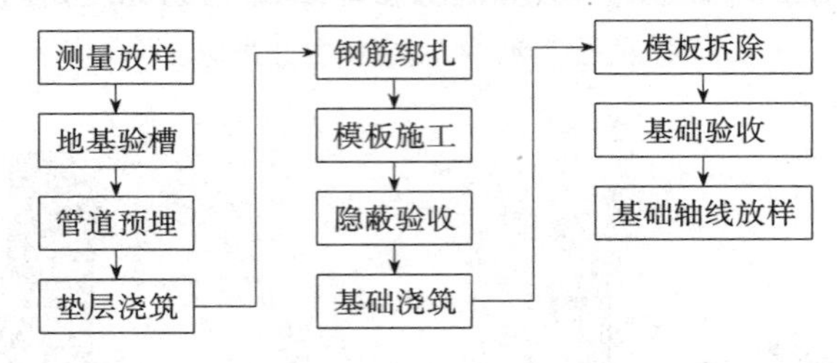

图 6-96 基础施工流程图

沿承重墙设置条形基础，基础整浇，同时预埋地脚螺栓及预埋相关管线（图 6-97）。

图 6-97 轻钢结构建筑基础施工

6.2.2 墙体工程

1. 墙体结构系统介绍

墙体结构主要包含墙体轻钢骨架结构和墙体外结构板。

（1）轻钢骨架结构

轻钢房屋墙体结构承重墙由立柱、顶导梁和底导梁、洞口柱、拉条、支撑、立杆、斜杆等部件组成，其主要施工工序为拼装及组装。

（2）墙体外结构板

外墙结构板采用 OSB 板或纤维水泥压力板，OSB 板又叫欧松板，是一种合成木料，其优点有：无甲醛释放、结实耐用。纤维水泥压力板具有防火绝缘、防腐防虫、隔声隔热、轻质高强、安全无害等特点（图 6-98）。

图 6-98　墙体外结构板图

2. 墙体拼装验收

装配式建筑轻钢结构墙体拼装验收标准如表 6-15 所示。

墙体拼装验收标准　　表 6-15

序号	项目	检查标准(mm)	检查方法
1	长度及立杆位置	±5	核对图纸、钢尺检查
2	高度	±2	钢尺检查
3	对角线	±3	钢尺检查
4	墙体立柱间距	±3	钢尺检查
5	洞口位置及尺寸	±2	钢尺检查
6	打钉要求	背靠背立杆,双排钉、间距 300mm	钢尺检查
7	钢拉带连接要求	组合柱处间距 500mm 门窗洞口四周必须加设	钢尺检查

3. 墙体拼装特别要求

(1) 墙体拼装时必须按照图纸标注尺寸、龙骨及加固件进行施工。

(2) 墙体拼装场地应选经过硬化的混凝土地面或特殊处理过的其他地面。

(3) 按照拼装图进行拼装，注意龙骨开口朝向并及时检查对应孔位是否漏钉。

(4) 墙体打钉：两根杆件连接处应打钉固定，背靠背杆件必须双排钉、间距 300mm，包括门窗洞口柱与旁边立柱也须双排钉加固、间距 300mm（如果因斜杆或立杆间距无法满足双排钉施工时可增大双排钉间距施工）。

(5) 墙体对角线误差在 3mm 内。

(6) 墙体立杆与顶底导梁之间压制孔要对齐，不能有错位。

(7) 墙体拼装组合柱钢拉带（严禁采用肋连接片）按间距 500mm 加设，门窗洞口四周必须加设钢拉带连接。

(8) 打钉时钻出钢丝须及时清理，避免钻出钢丝掉落在已拼装墙体任何部位上。

(9) 墙体拼装完成后摆放时应摆放在平整的地面或者立在平整的墙面上，避免摆放时出现变形情况。

（10）门窗洞口加固板，打钉间距不大于150mm，单块加固板打钉不低于3排，卧梁上方加固板位置可以不打钉（避免钉头误差影响上部平整度）。

（11）门洞立杆开孔需在一条水平线上，保证水电管线可以顺利穿过。

4. 工具准备

墙体拼装施工时需用到的工具如表6-16所示。

墙体施工工具表 **表6-16**

手持电钻	自钻螺钉	橡胶榔头	50m钢尺	5m卷尺	直角钢尺
		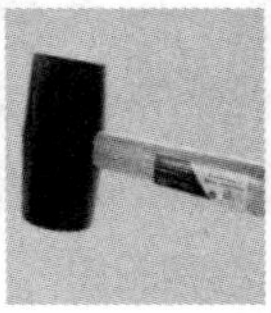			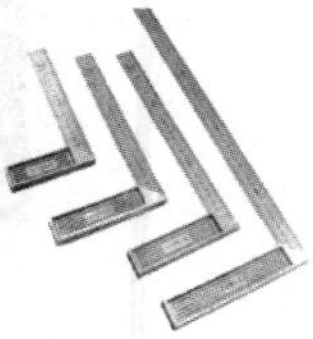
墨斗	磁力线坠	记号笔	冲击钻	钢尺	胶线
	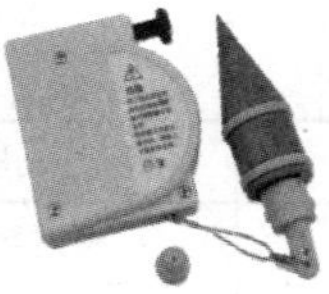				
石灰粉	锤子	长钉	软水管	打夯机	
			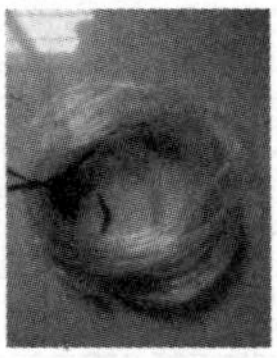		

5. 墙体系统施工流程

墙体系统施工流程如图6-99所示。

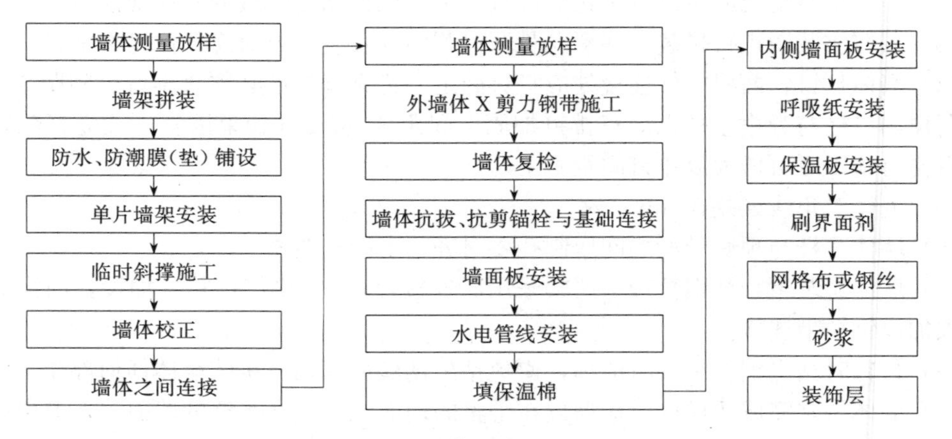

图6-99 墙体系统施工流程

6. 墙体拼装详细施工步骤

（1）场地选择

1）墙体拼装场地应选择经过硬化的混凝土地面或特殊处理过的其他地面。

2）场地面积要大于最大墙体的尺寸。

3）场地要求平整度要好（确保墙体的拼装质量）。

（2）拼装场地的准备

1）拼装模板要求平整度要好，不能在经过硬化的混凝土地面直接拼装，以免对轻钢龙骨表皮造成磨损（图 6-100、图 6-101）。

2）根据墙体的长、高，在地面铺设结构板，结构板的面积一定大于需拼装墙体的面积，板与板之间需用钢拉带连接固定。

3）拼装模板使用完后，应及时清理，堆放，用作其他部位结构板材使用，避免浪费。

图 6-100　场地平整图

图 6-101　拼装基线图

（3）墙体拼装

1）将顶、底导梁及两根立杆组成基本框架，所有杆件按编号对应拼装图纸放置在相应位置，用橡胶榔头敲打调整到位，手持电钻将四个角先固定，进行对角线复核确保无误。

2）转角搭接墙体，外侧龙骨可以先不打钉或临时加固，墙体组装过程中再打钉加固，节省时间。

3）背靠背的立杆打钉，应打双排钉加固，间距 300mm。

4）门窗预留洞口尺寸不能小于设计，并保证洞口两对角线相符，防止门、窗安装尺寸不符。

5）所有墙体根据图纸需在对应位置加设 L 形钢板加固，钢板至少打三排钉，上下间距 150mm，中间根据斜杆位置对应打钉加固。

6）加设钢拉带：立柱较多形成组合柱的地方应设置钢拉带进行加固，化零为整，间距为 500mm；门窗洞口四周必须加设钢拉带，钢拉带应采用成卷刚拉带剪成相应尺寸，因龙骨材料采用加肋处理，不得使用连接片连接，门窗洞口上下部分较短立柱与一旁立柱进行连接，成为一个整体（图 6-102）。

(4) 翻面、螺丝加固

1) 完成一面的拼装后，要将墙体骨架翻面放平在地面上。翻面人员一般需要 3～4 人，翻面过程中要注意方法，大家须步调一致，以利于顺利翻面（图 6-103）。

图 6-102 加设钢拉带图

图 6-103 墙体翻面图

2) 翻面后需复核墙体对角线，采用橡胶榔头敲打局部微调，确保对角线无误。

3) 利用手持电钻将螺丝打设牢固，最终完成墙体骨架的拼装。

(5) 检查、移走堆放

1) 翻面加固之后，利用卷尺对墙体各杆件进行量尺及对角线检查，对螺丝对应孔洞打钉情况进行检查，确保无误之后即可移走堆放（图 6-104）。

2) 复核门窗的尺寸，堆放时按墙体的组装顺序摆放（图 6-105）。

图 6-104 对角线复核图

图 6-105 墙体堆放图

7. 墙体轻钢骨架结构组装

(1) 墙体组装施工质量

墙体组装验收标准见表 6-17。

墙体组装验收标准　　表 6-17

序号	项目	检查标准(mm)	检查方法
1	抗拔连接件加设位置	按图纸布置	核对图纸
2	抗拔压具六角螺钉数量	打满	观察
3	膨胀螺丝间距	610	钢尺检查

续表

序号	项目	检查标准(mm)	检查方法
4	房间对角线误差	±5	钢尺检查
5	墙体垂直度误差	±3	钢尺检查
6	墙体转角处角钢连接	长 300,间距 500,4 颗双排钉	观察、钢尺检查

(2) 墙体组装特别要求

1) 组装墙体前先用墨斗根据墙体放线图弹线，并复核各房间对角线无误后，根据墨斗线将防水卷材铺好，防水卷材切成 130mm 宽。

2) 墙体立好调整垂直度后应用轻钢材料做临时支撑，避免晃动。

3) 墙体组装好以后，膨胀螺丝打设前应再次复核墙体垂直度及房间对角线。

4) 化学药剂使用前应仔细清洁螺杆孔洞，避免灰尘干扰及其他杂物药剂效果降低锚栓抗拔效果。

5) 化学锚栓开孔时如遭遇圈梁钢筋阻挡或打空的情况，应与项目负责人对接转移至合理位置进行施工。

(3) 墙体拼装施工流程

墙体拼装施工流程如图 6-106 所示。

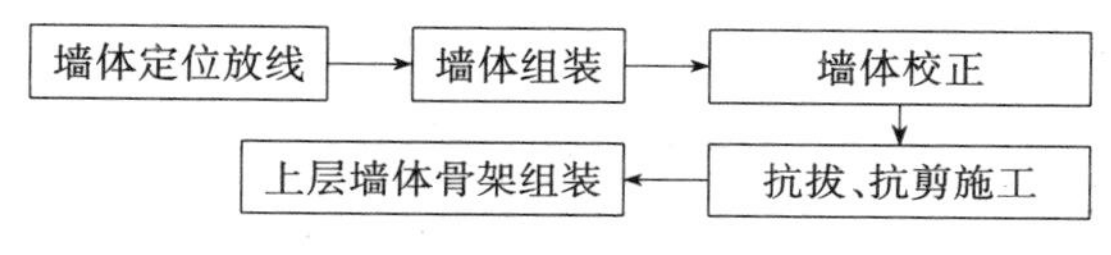

图 6-106 墙体拼装施工流程

(4) 墙体组装详细施工步骤

1) 墙体定位放线：根据墙体放线图依次将每面墙体的点定出，并用墨斗将线弹出，并在地面上标记出对应位置墙体编号及朝向。

2) 根据墨斗线将防水卷材铺好，防水卷材切成 130mm 宽。

3) 根据《墙体布置图》的安装顺序，选择第一面需组装的墙体骨架。

4) 3～4 人共同抬一面墙体骨架，将骨架的底导梁的内侧边与之前所弹的墨线重合，主要确保骨架的底导梁位置准确。

5) 组装好的墙体要做临时的支撑，进行初步的固定。

6) 墙体连接处，有组合柱的地方，需要拆掉最外侧的立杆，钉装在已立墙体上（打钉为双排间距 300mm），将剩余墙体钉装在拆掉的立杆上。

7) 根据《墙体布置图》依次组装好每面墙体，并进行复核。

(5) 墙体校正

1) 墙体校正主要是墙体水平与骨架前后方向、左右方向两方面垂直度的调整。

2) 墙体前后方向、左右方向两方面垂直度的调整：选取要调整的某墙体，将磁力线坠带磁铁侧紧贴在左侧骨架顶部边缘，测量顶部与底部的垂线到骨架外立面的距离（距离误差小于 3mm 为合格，大于 3mm 则不合格）。

3) 墙体与墙体转角连接处，需设置角钢进行加固（长度 300mm，间距 500mm，双排钉间距 100mm 打钉）。

4）立柱较多形成组合柱的地方，应使用连接片进行加固，化零为整，间距为500mm。

5）门、窗洞口四周必须用钢拉带进行加固，防止后期门、窗四周开裂，根据《墙体加固图》在门窗洞口加设钢板。

（6）墙体抗拔、抗剪施工

1）墙体抗拔、抗剪的主要目的是在房屋承受地震或台风等外力时，抵抗荷载产生拉拔力，确保房屋安全。

2）抗拔处理：抗拔构件由抗拔六角螺钉及抗拔化学锚栓组成，根据图纸设计要求设置抗拔连接件（压具立板连接位置的六角螺钉打满）。

3）抗剪处理：抗剪构件由膨胀螺丝构成，打在一层墙体的底导梁上，膨胀螺丝的间距为610mm。

（7）上层墙体骨架组装

1）墙体底导梁与楼面直接打设双排六角螺钉，间距300mm。

2）连接加固：墙体组装完成后，用刚拉带间距1.2m，长度为1.5m，将一、二层墙体及中间楼面梁进行加固连接。

8. 外墙结构板施工

（1）外墙结构板施工质量标准

外墙结构板施工质量：墙体拼装验收标准如表6-18所示。

墙体拼装验收标准表 **表6-18**

序号	项目	检查标准(mm)	检查方法
1	铺设方式	两横一竖	观察
2	预留伸缩缝	3	钢尺检查
3	打钉间距	四周150,中间300 门窗洞口左右两边双排钉,间距150	钢尺检查
4	平整度	无起拱现象	观察

（2）安装及注意事项

1）OSB板尺寸为2440mm×1220mm，墙体立杆为610mm的间距，每5根立杆刚好放置一块OSB板，且保证每块板都能与立杆搭接上。

2）两人共同搬起一块板，长边横放靠着墙体骨架，然后缓慢移动OSB板与墙体骨架最外边线重合。此时一人扶稳OSB板，另一个人进行打设，将板固定。先将四个角固定，然后按照螺钉打设要求进行加密，即安装好一块板材，接着依次安装好其他外墙板。

3）墙体结构板进行上下拼接时需错缝拼接，在接缝处设置镀锌钢拉带，厚度0.8mm，且宽度不小于50mm。

4）墙体结构板交接处必须预留3～5mm缝隙，避免膨胀起拱，造成破坏，可在铺设时用一颗螺钉进行垫设，安装完毕后取下螺钉。

5）外墙板安装铺设施工时，禁止出现十字通缝。

6.2.3 楼盖系统施工

装配式建筑轻钢结构楼盖系统施工按图6-107所示。

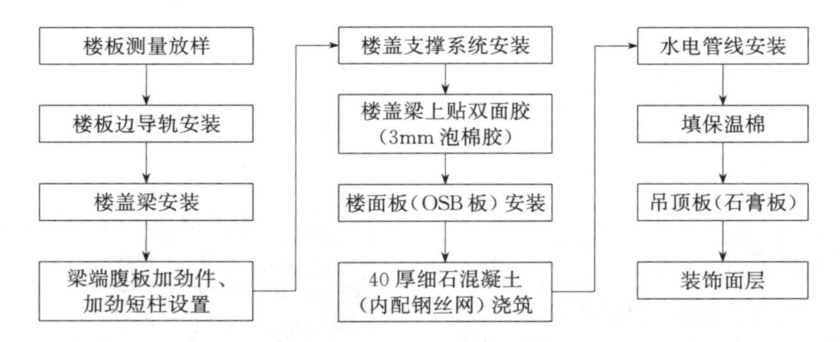

图 6-107　楼盖系统施工流程图

1. 轻钢房屋楼盖介绍

(1) 楼面构件宜采用冷弯薄壁槽形、卷边槽形型钢。楼面梁宜采用冷弯薄壁卷边槽形型钢，跨度较大时也可采用冷弯薄壁型钢桁架（图 6-108、图 6-109）。

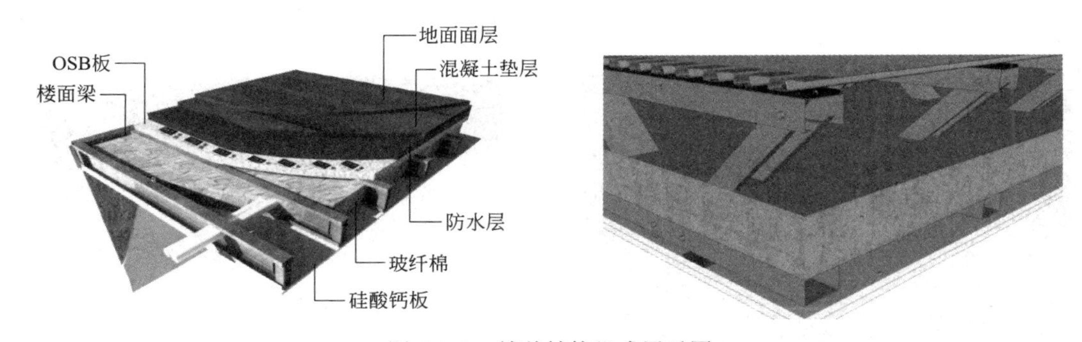

图 6-108　楼盖结构组成展示图

图 6-109　轻钢房屋楼盖实际拼装图

(2) 楼盖结构主要包含有轻钢骨架及楼盖结构板。轻钢骨架包含楼面梁及横档两种构件。楼面梁由顶导梁、底导梁、竖撑杆及斜撑杆等组成。

(3) 楼盖系统以桁架式为主，轻钢梁高度 300～400mm，由标准的 C 形龙骨组装而成。

(4) 楼面梁上铺设 183mm 厚 OSB 结构板，上面设置 40mm 厚的抗裂隔声层，地面装饰层可选用木地板、瓷砖或者地毯等。

(5) 楼面梁采用镀铝锌 C 型轻钢构件组合而成，楼面梁按照标准的模数等间距密肋布置，楼面梁上面覆盖经过严格防潮防腐处理的结构板材，上面再设置 40mm 厚的抗裂隔声层，形成良好的隔的楼面系统。

2. 轻钢房屋楼盖骨架

楼盖轻钢骨架包含楼面梁及横档两种构件，楼面梁由顶导梁、底导梁、竖撑杆及斜撑杆等组成（图 6-110～图 6-113）。

图 6-110　楼盖轻钢骨架图 1

图 6-111　楼盖轻钢骨架图 2

图 6-112　楼盖轻钢骨架组装图

图 6-113　楼盖结构板完成图

3. 轻钢楼盖轻钢骨架拼装

（1）轻钢房屋楼盖轻钢骨架拼装质量中，楼面梁、横档拼装检查标准如表 6-19 所示。

楼面梁、横档拼装检查标准　　**表 6-19**

序号	检查项目	检查标准	检查方法
1	楼面梁拼装	楼面梁长高尺寸 0～5mm	现场检查
2	横挡拼装	龙骨连接处≥1 颗钉	现场检查
3	楼面梁钢板加固(变截面)	钢板型号、尺寸、位置对应相应楼面梁	按图施工
4	楼面梁楼面梁交接处	是否有角钢或者钢拉带连接	角钢打钉每边三颗钢拉带每边两颗
5	降板梁	钢板加固	现场检查

（2）楼面梁、横挡拼装特别要求：

1）场地硬化平整，便于拼装，场地面积要大于最大楼面梁的尺寸。

2）基线固定位置，垂直角度，用直角钢尺复核。

3）斜竖杆件的位置标识清楚无误，所有杆件开口朝下。

4）横挡尺寸标准，勿拼装出错。

5）打钉时钻出钢丝须及时清理，避免钻出钢丝掉落在已拼装楼面梁、横挡任何部位上。

（3）拼装工具准备

楼面系统施工需准备的工具如表 6-20 所示。

楼面系统施工常用工具 **表 6-20**

手持电钻	直角钢尺	墨斗	记号笔	10m 卷尺

（4）拼装施工流程

楼面系统拼装施工流程如图 6-114 所示。

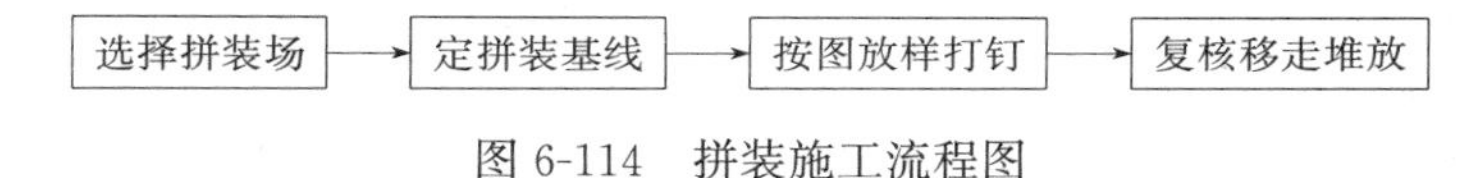

图 6-114 拼装施工流程图

（5）选择拼装场地

1）拼装场地应选择经过硬化的混凝土地面或特殊处理过的其他地面（图 6-115）。

2）场地面积要大于最大楼面梁的尺寸，为了加快进度可多准备几块场地。

3）场地要求平整度要好利于确保的楼面梁拼装质量。

图 6-115 轻钢结构楼面拼装场地图

（6）拼装基线固定

仔细查看图纸，按照制定好楼面梁拼装顺序，按照顺序找料拼装打钉。

（7）顶、底导梁腹杆按图纸放样

1）底、顶导梁上放样主要是把斜、竖撑杆在底顶导梁按照图纸的标识位置摆放好。

2）将横梁对应编号斜杆、立杆及底、顶导梁的开口朝向复核清楚，完成好放样。

（8）楼面梁拼装

1）梁外框架拼装，主要为将顶、底导梁加外侧竖杆加固，校正。打设时注意钉子的数量，与顶、底导梁相交处各 2 颗钉子。

2）安装斜、竖杆，从一侧向另一侧安装，可先安装竖向杆件，再安装斜杆，避免遗漏，安装时根据之前的记号标识安装，钉子必须加设在斜、竖杆与顶底导梁相交位置的中间，安装好后，检查复核。

3）加固好一面梁后，将梁翻过来，加固另一面，同样的方式去加固。

4）仔细检查图纸，有需要加设型号尺寸的钢板，安装时确保梁面平整，钢板与梁边平齐，两面加固。用橡胶锤进行调整，钢板加固位置两头预留 10cm 以上不打钉，避免钉头重复，增加厚度误差。

5）拼装好后，将所有的梁分类堆放，拼装好的楼面梁在龙骨上标记编号，统一朝下，便于后续施工。

4. 楼面轻钢骨架施工组装

（1）轻钢房屋楼面梁检查标准如表 6-21 所示。

楼面梁组装检查标准 **表 6-21**

序号	检查项目	检查标准	检查方法
1	楼面梁与墙体连接	双排螺钉间距 300mm，±10mm	现场检查
2	楼面梁位置	±3mm	现场检查
3	横挡组装	横挡位置和数量	按图检查
4	楼面梁降板区四周加固	170/170 钢板加固	按图施工
5	楼面梁底导梁与一层墙体接触的地方是否打钉	间距 300 双排钉	现场检查
6	楼面梁与外墙墙体或者与横挡，楼面梁和内墙墙体相互接触时	间距 300 双排钉	现场检查

（2）楼面梁组装特别要求

1）楼面梁相互支撑，不是同一方向的楼面梁不应留有空隙，保证梁的相互连接。

2）放置楼面梁时，仔细查看，避免出现放反的现象。

3）钢板加固，有墙体的地方先加固，放置在结构板下面，无墙体的放置在结构板上面，与小矮墙平齐。

4）降板区钢板加固（图 6-116～图 6-119）。

图 6-116　降板区钢板加固图 1

图 6-117　降板区钢板加固图 2

图 6-118　楼面梁竖杆对应墙体立柱图

图 6-119　竖杆对齐墙体组合立柱图

(3) 施工工具准备

楼面梁系统施工需准备的工具如表 6-22 所示。

楼面梁系统施工工具　　**表 6-22**

手持电钻	直角钢尺	墨斗	记号笔	10m 卷尺

(4) 组装工艺流程

楼面梁系统施工流程如图 6-120 所示。

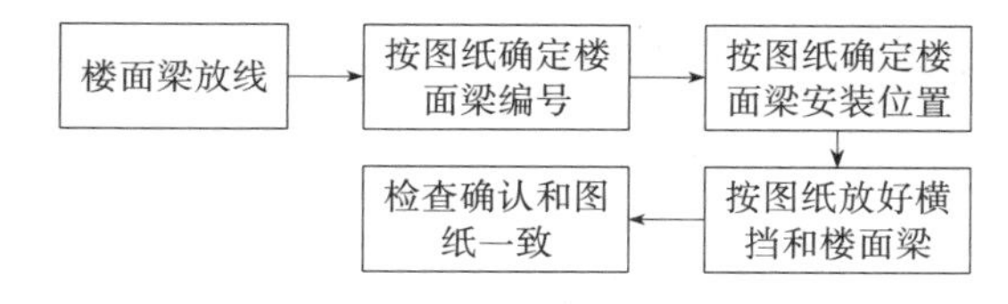

图 6-120　组装工艺流程图

(5) 注意事项

1) 楼面梁放线，查阅图纸，确定楼面梁布置方向，安装顺序。从墙体一侧向另一侧安装楼面梁，与墙体连接时，固定两头楼面梁并校正垂直与水平，拉线安装其他楼面梁，打钉标准为双排螺钉，间距 300mm（图 6-121、图 6-122）。

2) 楼面梁安装时，第一根梁需及时进行垂直度调整，可用磁力线坠检查，保证梁边与柱边平齐，进行定位加固。楼面梁施工时需注意楼面梁的平整度。楼面梁安装后复核横挡间距（以实际图纸为准，CC 体系不一定完全对应立柱）。

3) 楼面梁组装完成后，需对垂直度、水平度进行复核。两条垂直的楼面梁需用钢拉带进行加固，确保整体连接。

图 6-121　双排螺钉加固图

图 6-122　开口向下

(6) 横挡安装

1) 仔细查看图纸放线，标记出横挡位置并加固。

2) 平齐线条，安装横挡，紧贴梁侧面，双排加钉 2 颗，固定四个角，同时在墙体上的横挡底导梁双排钉进行加固（图 6-123、图 6-124）。横挡是阻止楼面梁侧向失稳的构件，固定楼面梁，起到连接整体性作用。

图 6-123　横挡安装图 1

图 6-124　横挡安装图 2

5. 楼面结构板施工工艺流程

(1) 楼面结构板施工质量目标

楼面结构板安装及施工标准如表 6-23 所示。

楼面结构板安装标准　　**表 6-23**

序号	检查项目	检查标准	检查方法
1	结构板的厚度	18.3mm	现场检查
2	结构板的布置要求	垂直于楼面梁一块板搭接 3 榀梁、错缝搭接	现场检查
3	结构板钢拉带设置	板与板之间无楼面梁支撑的钢拉带	现场检查
4	结构板的打钉间距	中间固定间距 30cm、四周 15cm	5m 卷尺

(2) OSB结构板施工特别要求

安装之前可进行铺设排板，楼面结构板错缝铺放，搭接处如设龙骨须加钢拉带以满足打钉要求，以增强楼面的受力。

(3) 工具准备

手工电钻、10m卷尺、墨斗、板材切割机。

(4) 施工工艺流程及注意事项

1) 安装之前选好铺板顺序，保证工作面，合理安排。

2) OSB结构板尺寸为2440mm×1220mm×18.3mm，楼面梁间距为610mm，每3组楼面梁刚好放置一块OSB板，垂直于楼面梁布置，保证每块板与楼面梁搭接上。

3) 铺设好OSB板后利用手持电钻将自钻螺钉4.8mm×38mm，打钉标准为中间300mm，四周150mm，打设将其固定。

4) 楼面结构板错缝铺放，搭接处如设龙骨须加钢拉带以满足打钉要求，以增强楼面的受力。

5) 楼面板接缝位置必须留缝3～5mm。

6) 楼面板外侧与外墙龙骨平齐，不可以突出。

7) 楼梯墙下方是否垫楼面板，需核对楼梯墙结构图纸中墙体的标高。

6.2.4 屋盖系统施工

1. 屋盖系统介绍

装配式建筑轻钢结构屋盖系统主要由轻钢屋架体系、结构板、防水层及屋面瓦组成。如图6-125所示。

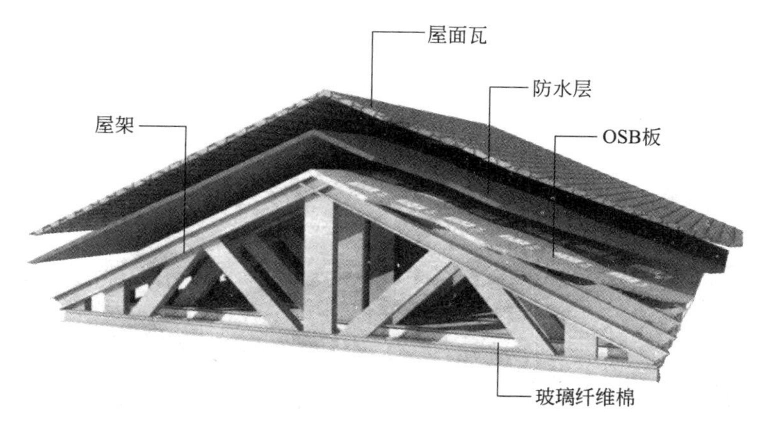

图6-125 屋架系统介绍图

(1) 轻钢屋盖体系

屋盖主要组成结构为屋架及盖板，通过不同的组装方式，最终形成檐口和山墙两种呈现形式，坡面交叉则呈现出传统的阴脊、阳脊。如图6-126～图6-129所示。

(2) 结构板

屋盖结构板主要有欧松板、轻质混凝土板和薄型钢板（图6-130）。

图 6-126 屋盖骨架整体图

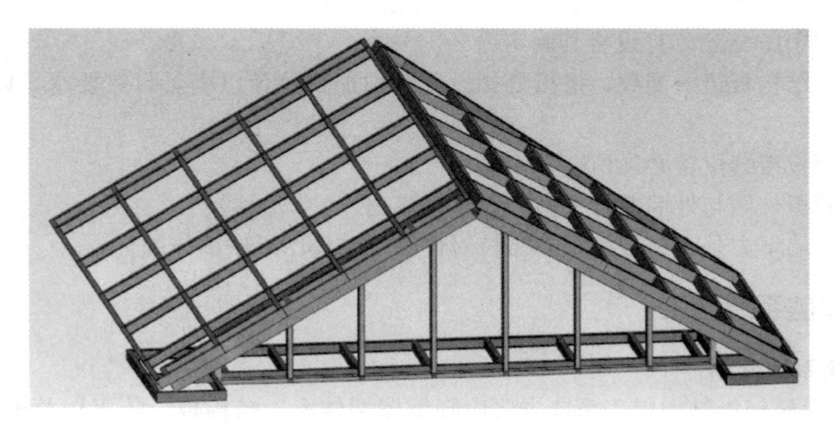

图 6-127 顶棚、屋架及盖板结构图

图 6-128 屋架实体图

2. 屋盖系统施工流程

轻钢结构屋盖系统的施工流程如图 6-131 所示。

图 6-129　阴脊、阳脊示意图

图 6-130　欧松板材图

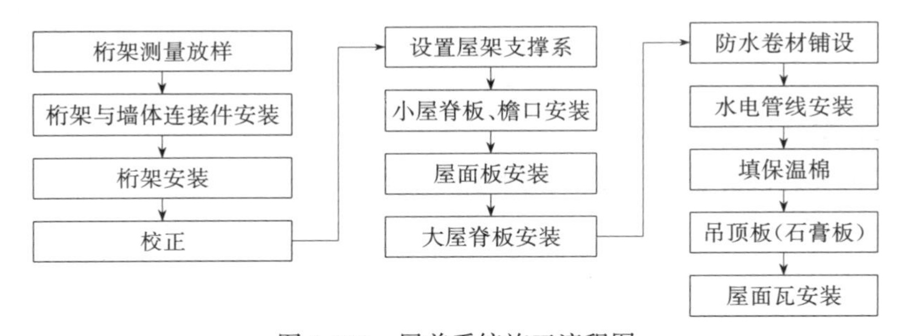

图 6-131　屋盖系统施工流程图

3. 屋盖轻钢骨架拼装

（1）屋架拼装施工验收标准如表 6-24 所示。

屋架拼装施工验收标准　　**表 6-24**

序号	检查项目	检查标准	检查方法
1	屋架长度	±5mm	现场钢尺检查
2	支撑点距离	±5mm	现场钢尺检查
3	跨中高度	±6mm	现场钢尺检查
4	端部高度	±3mm	现场钢尺检查
5	龙骨螺钉	牢靠、稳固	目测、触摸

（2）屋架拼装施工特别要求

1）严格按图纸施工，区分顶棚、屋架和屋盖。

2）山墙：有檐口骨架（RP）的拼装及组装。

3）普通屋架：严格按照图纸控制开口方向。

4）安装螺钉时钻出钢丝须及时清理，避免钻出钢丝掉落在已拼装屋架的任何部位。

（3）施工准备

屋架拼装施工需要用到的工具及施工人员装备如表 6-25 所示。

屋架拼装施工工具及施工人员装备表 **表 6-25**

手持电钻	50m 钢尺	橡胶榔头	记号笔	5m 卷尺
		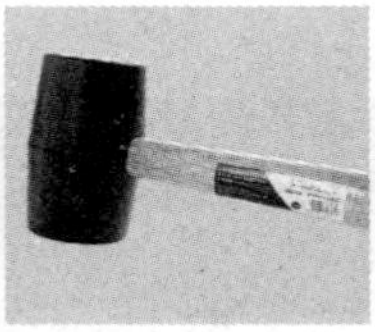		
直角钢尺	磁力线坠	安全帽	手套	安全带
			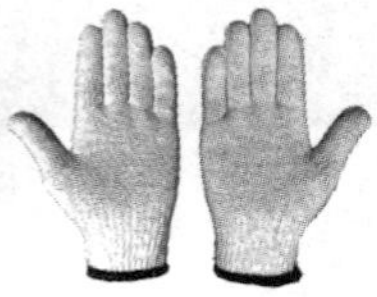	

（4）屋盖骨架结构拼装流程

顶棚、屋架及盖板拼装施工流程如图 6-132 所示。

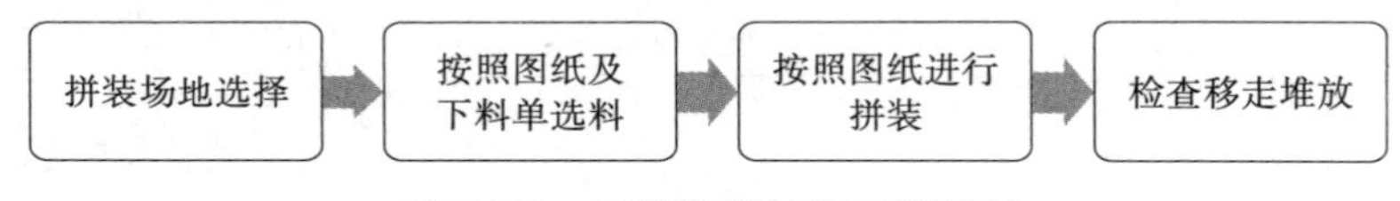

图 6-132　屋架及盖板施工流程图

（5）拼装注意事项

1）场地选择：屋架拼装场地应选择经过硬化的混凝土地面或特殊处理过的其他地面，铺欧松板在地面上作为施工基面；场地面积要大于最大屋架的尺寸，为了加快进度可多准备几块场地；场地要求平整度要好，利于确保屋架的拼装质量。

2）准备图纸及下料单选料：场地选择好后，熟悉图纸。查看现场龙骨材料堆放情况，大致熟悉各屋盖材料。根据图纸及材料堆放情况，选择拼装顺序。

3）按照图纸进行拼装：在拼装场地固定好后，根据图纸先摆放骨架上、下弦进行放样。使用细牙的圆头螺钉进行房屋的屋盖骨架的拼装（图 6-133）。

4）检查移走堆放：屋架拼装完成后，利用卷尺对屋架各杆件进行量尺检查，对螺丝数量进行检查，确保无误之后即可移走堆放。

图 6-133　骨架拼装图

4. 屋盖骨架结构组装

（1）屋架组装施工质量目标

屋架组装施工验收标准如表 6-26 所示。

屋架组装施工验收标准　　**表 6-26**

序号	检查项目	检查标准	检查方法
1	屋架位置	±5mm	量尺检查
2	屋架檐口外侧	需拉线，±3mm	拉线量尺检查
3	天花、屋架及屋盖连接	屋架与顶棚单排钉加固能打双排钉的区域，进行双排钉加固	量尺检查
4	垂直度	±0.1‰	磁力线坠检查

（2）屋架组装施工特别要求

1）严格按照屋架布置图对屋架进行组装。

2）屋架檐口外侧需拉线处理，保证屋架檐口的平整。

（3）施工准备

屋架拼装施工需要用到的工具及施工人员装备如表 6-27 所示。

屋架拼装施工工具及施工人员装备　　**表 6-27**

手持电钻	50m 钢尺	橡胶榔头	记号笔	5m 卷尺
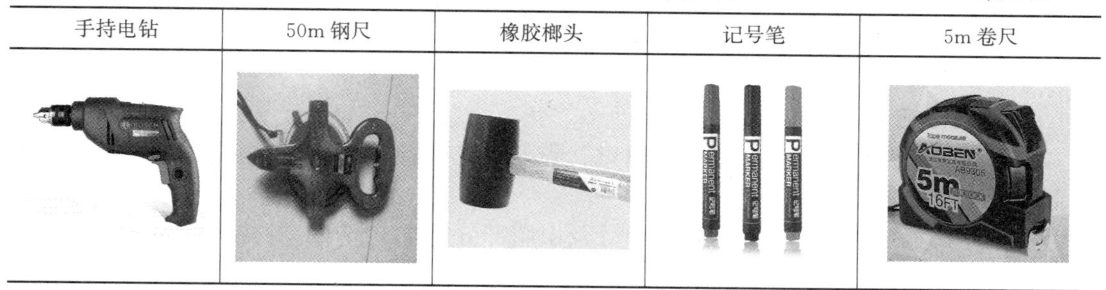				

续表

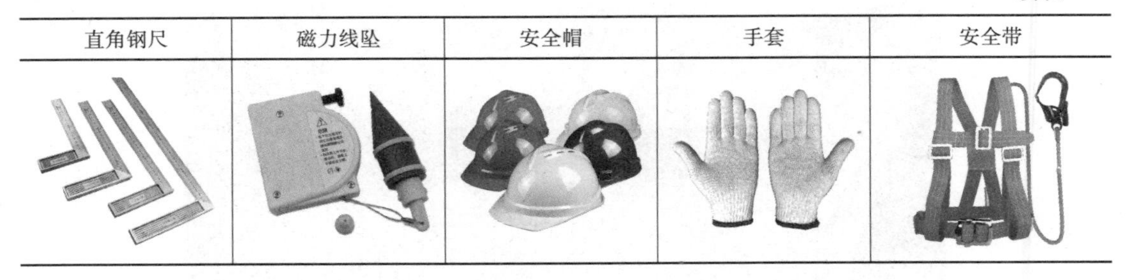

直角钢尺	磁力线坠	安全帽	手套	安全带

（4）施工流程

顶棚、屋架及盖板施工流程如图 6-134 所示。

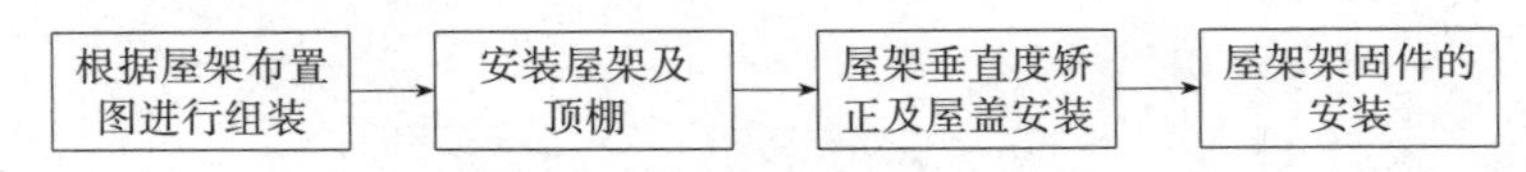

图 6-134　顶棚、屋架及盖板施工流程图

（5）施工内容及注意事项

1）按《屋盖骨架布置图》的安装顺序，选择第一面需组装的屋架。

2）2～4 人共同抬起第一榀屋盖骨架或顶棚，搬至指定位置安装。

3）屋架安装时必须拉线施工，保证每一榀屋架或顶棚挑出长度与图纸一致且平直，且确保每榀的位置及垂直度满足要求（图 6-135）。

图 6-135　屋架组装图

4）屋架与顶棚连接处，每 300mm 需用双排 ST4.2×16 自攻螺钉固定连接，且需对每一榀屋架进行垂直度矫正复查（图 6-136、图 6-137）。

5. 加固件施工

屋架组装完毕后，需要对屋架的檐口、阴阳脊进行局部加固，其施工内容及注意事项如下：

（1）檐口顶棚的安装：在普通檐口处及山墙部分需要进行 RP 的加固固定，形成檐口造型，且与屋架伸出长度一致，横平竖直（图 6-138、图 6-139）。

图 6-136　屋架及顶棚组装图（矫正）

图 6-137　屋盖组装图

图 6-138　普通檐口处顶棚组装图

图 6-139　山墙处组装图

（2）在屋盖安装完成后，会形成骨架的阴阳脊，在此处需安装阴阳脊加固板（80mm×80mm×4m）（图 6-140、图 6-141）。

图 6-140　阴阳脊加固板完成图

图 6-141　阴阳脊加固板材料图

6. 老虎窗、局部造型施工

（1）老虎窗、局部造型施工质量目标

老虎窗、局部造型施工验收标准如表 6-28 所示。

老虎窗、局部造型施工验收标准　　表 6-28

序号	检查项目	检查标准	检查方法
1	脊盖板	阴阳脊部位是否全数安装	目测
2	挑檐长宽尺寸	−5mm～0	现场钢尺检查
3	挑檐位置	±5mm	现场钢尺检查
4	老虎窗尺寸及位置	是否按图施工	现场钢尺检查
5	局部造型	是否按效果图施工	目测

（2）施工准备

老虎窗、局部造型施工需要用到的工具及施工人员装备如表6-29所示。

老虎窗、局部造型施工工具及施工人员装备表　　表6-29

手持电钻	50m钢尺	橡胶榔头	记号笔	5m卷尺
	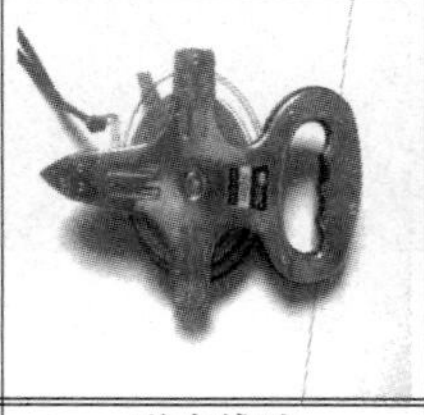			
直角钢尺	磁力线坠	墨斗	手套	安全带
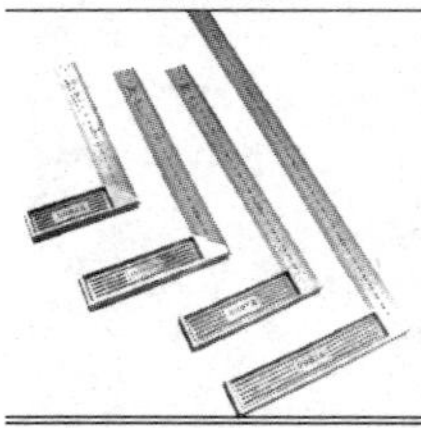	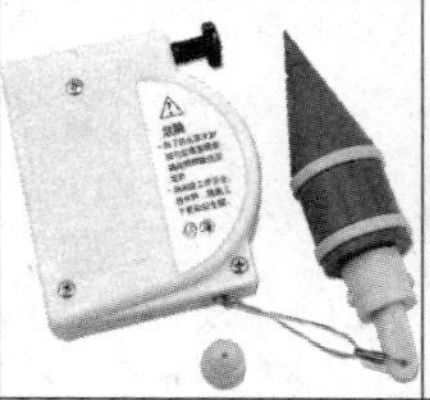		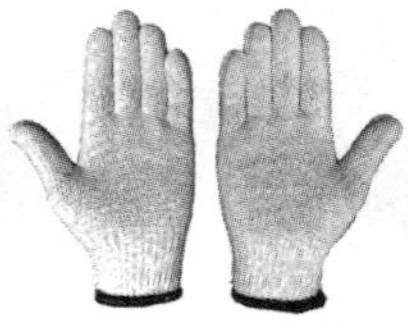	
安全帽				

（3）老虎窗

按照图纸位置进行老虎窗施工，保证老虎窗与屋架连通，达到通风的目的（图6-142、图6-143）。

图6-142　老虎窗安装图1

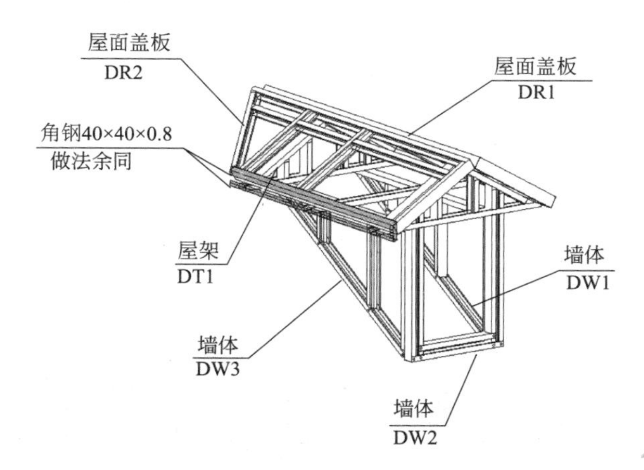

图 6-143　老虎窗安装图 2

7. 屋面结构施工

（1）屋面结构板施工质量目标

屋面结构板施工验收标准如表 6-30 所示。

屋面结构板施工验收标准　　**表 6-30**

序号	检查项目	检查标准	检查方法
1	屋面板打钉间距	打钉间距四周 150mm、中间 300mm	目测＋量尺测量
2	屋面板施工	错缝搭接	目测
3	屋面板之间留缝	3～5mm	卷尺测量

（2）屋面结构板的施工特别要求

1）屋面欧松板的螺钉间距为四周 150mm，中间 300mm。

2）屋面欧松板铺设错缝施工。

3）屋面欧松板接缝处必须搭设在屋盖的龙骨上。

4）屋面欧松板切割平整。

5）屋面欧松板与板间应留 3～5mm 缝隙。

（3）施工准备

屋面结构板施工需要用到的工具如表 6-31 所示。

屋面结构板施工工具　　**表 6-31**

手持电钻	板材切割机	墨斗	木工铅笔	10m 卷尺

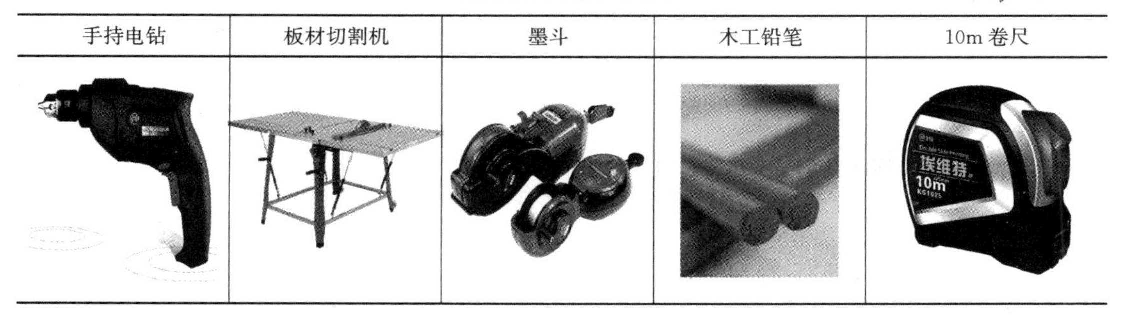

（4）具体施工内容及注意事项

完成屋架安装及加固之后进行檐口调节，以确保檐口水平后再进行屋面结构板的安装施工。

1）欧松板尺寸为 2440mm×1220mm×12mm，搭接处务必全部安装在屋盖龙骨上，以增强屋盖结构板受力。

2）铺设欧松板后利用手持电钻使用自攻螺钉将其固定。

3）屋盖的欧松板需要错缝进行铺放（图 6-144）。

图 6-144 屋盖结构板布置图

4）因为屋盖结构板的施工属于高空作业，且屋顶为斜面，需在已铺设的结构板上临时固定较短的轻钢构件，为工人施工提供作业支撑及临时堆放小工具（图 6-145）。

图 6-145 屋盖结构板图

5）屋面板铺设完成后检查屋面平整度。

6）屋面施工时必须使用安全绳。

7）所有屋面欧松板光面朝上。

8）檐口位置欧松板要与檐口平齐。

9）自攻螺钉按表 6-32 的要求进行打设。

自攻螺钉打钉标准　　**表 6-32**

部 位	允许偏差
板四周与骨架连接处	≤150mm
板中部与骨架连接处	≤300mm

6.2.5 轻钢结构施工现场范例

1. 建筑主体部分

（1）轻钢基础圈梁、一楼梁底层相关管线（上下水、空调、中央吸尘等）、一楼墙体和墙体拉条施工（图 6-146、图 6-147）。

图 6-146　轻钢结构建筑骨架施工图 1

图 6-147　轻钢结构建筑骨架施工图 2

（2）屋面结构、楼梯结构——关键部位施工（图 6-148）。

图 6-148　轻钢结构建筑楼梯施工图

（3）屋面封板、屋面防水、屋面瓦铺设施工（图 6-149）。

图 6-149　轻钢结构建筑屋面施工图

（4）外墙门窗的安装施工（图 6-150）。

图 6-150　轻钢结构建筑门窗施工图

（5）室内门框的安装施工（为封内墙石膏板作准备）（图 6-151）。

图 6-151　轻钢结构建筑门框安装施工图

（6）浴缸的安放施工（图 6-152）。

图 6-152　轻钢结构建筑浴缸安装施工图

（7）管线施工（上下水、配电箱、强弱电、空调、中央吸尘等）（图 6-153）。

图 6-153　轻钢结构建筑管线安装施工图

（8）外墙封板、外墙防水层、铁丝网（采用水泥砂浆）施工（图 6-154）。

图 6-154　轻钢结构建筑外墙装饰施工图

（9）墙体、屋面保温隔热棉的安放施工（图 6-155）。

图 6-155　轻钢结构建筑节能施工图

（10）封纸面石膏板、接缝贴纸、阴阳角的处理、刮石膏浆等施工（图 6-156）。

图 6-156　轻钢结构建筑内墙装饰施工图

2. 内装修部分

（1）厨房、卫生间橱柜的安装，墙地砖的底层水泥施工（图 6-157）。

图 6-157　轻钢结构建筑室内装饰施工图 1

（2）墙地砖的敷设、缝料施工（图 6-158）。

图 6-158　轻钢结构建筑室内装饰施工图 2

（3）（移）门、壁橱门的安装，窗台板；油漆、涂料；地毯的敷设施工（图 6-159）。

图 6-159　轻钢结构建筑室内装饰施工图 3

3. 外装饰部分

（1）外墙墙面（水泥砂浆、外墙挂板）、雨水落水系统施工（图 6-160）。

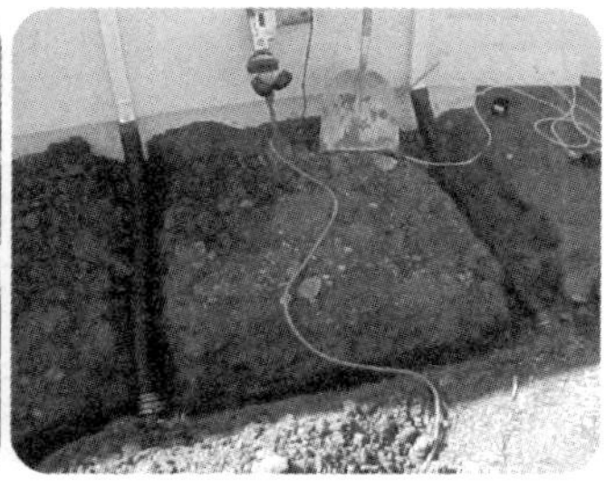

图 6-160　轻钢结构建筑外墙装饰施工图

（2）房屋周边环境（散水坡、车道等）施工（图 6-161）。

图 6-161　轻钢结构建筑环境装饰施工图

第7章

装配式建筑工匠应具备的能力

7.1 装配式建筑认知能力

作为一名装配式建筑工匠，除了在装配式建筑的结构体系、工艺流程、工法特点等建筑技术方面要具备清晰的认知能力外，针对“装配式建筑”的概念还应有明确的认识和理解。

7.1.1 装配式结构与装配式建筑的认识

装配式建筑是在新型建筑工业化背景下的产物，强调的不仅仅是主体结构的装配化问题，更是建筑整体建造方式的转变，是建筑部品部件的工业化生产、装配化施工和信息化管理的体现，这是实现新型建筑工业化的基本问题。

目前大量装配式建筑的设计和研究存在普遍性的过分重视主体结构而忽视整体建筑的认识误区，导致装配式建筑的推广进度缓慢。近几年颁布的相关装配式建筑规范，已经完全转到了装配式建筑的整体定位和思路，摒弃了狭义的装配式结构概念，规范名称中的“装配式”仅仅是“建筑”的修饰语而已（图7-1）。

7.1.2 建筑设计施工与建筑系统集成的认识

传统房屋的建造，分为建筑师牵头的专业拆分式的建筑设计、结构设计、管线设备、施工、装修等阶段，各阶段明显分离。装配式建筑的建造，是基于部品部件进行系统集成，实现建筑功能并满足用户需求的过程，建筑是最终产品。因此，必须用产品化思维，站在建筑系统集成的层面上思考整个装配式建筑的建造过程。

装配式建筑的特点要求打破传统的先专业拆分式设计、后施工的模式，转到以建筑师牵头，进行建筑系统集成、建筑产品化的思路上来。即建筑师不再是传统意义上的设计师，而是集成师和产品经理，主导进行产品化的设计和集成。在传统的建筑功能需求基础上，熟悉各种部品部件性能并将其整合的建筑系统集成技术，是决定装配式建筑成败的技术核心。

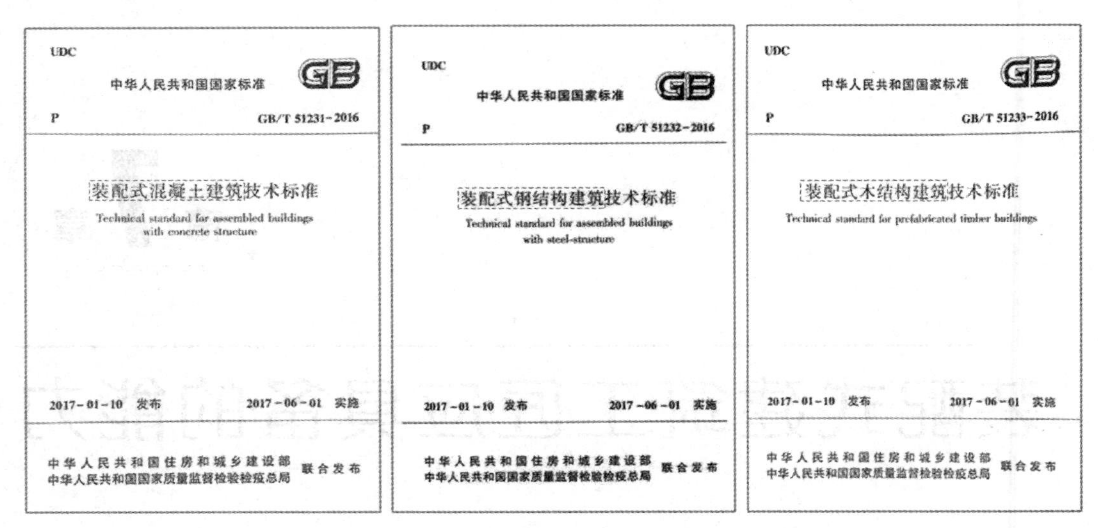

UDC
中华人民共和国国家标准 GB
P GB/T 51231-2016
装配式混凝土建筑技术标准
Technical standard for assembled buildings with concrete structure
2017-01-10 发布 2017-06-01 实施
中华人民共和国住房和城乡建设部
中华人民共和国国家质量监督检验检疫总局 联合发布

UDC
中华人民共和国国家标准 GB
P GB/T 51232-2016
装配式钢结构建筑技术标准
Technical standard for assembled buildings with steel-structure
2017-01-10 发布 2017-06-01 实施
中华人民共和国住房和城乡建设部
中华人民共和国国家质量监督检验检疫总局 联合发布

UDC
中华人民共和国国家标准 GB
P GB/T 51233-2016
装配式木结构建筑技术标准
Technical standard for prefabricated timber buildings
2017-01-10 发布 2017-06-01 实施
中华人民共和国住房和城乡建设部
中华人民共和国国家质量监督检验检疫总局 联合发布

图 7-1 “装配式”与“建筑”的有关规范

目前 BIM 技术是装配式建筑实现集成设计、智能制造、虚拟建造的重要手段，可以实现装配式建筑全流程、全专业、全产业的一体化集成要求（图 7-2）。因此，装配式建筑的建造应以系统工程的方法为指导，以 BIM 技术为工具，以建筑功能为核心，以结构布置为基础，以工业化的围护、内装和设备管线部品为支撑，综合考虑建筑户型、外立面、结构体系、围护系统、管线系统、防火、内装等各方面的协同与集成，实现主体结构系统、外围护系统、设备与管线系统和内装系统的一体化。

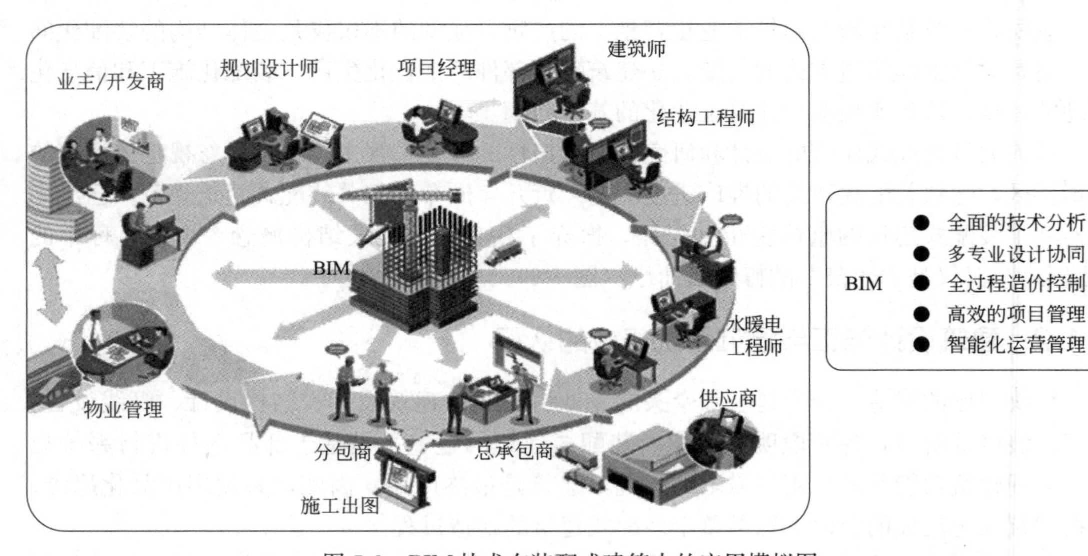

图 7-2 BIM 技术在装配式建筑中的应用模拟图

7.1.3 标准设计与标准化设计的认识

装配式建筑应遵循工业化生产的设计理念，推行模数协调和标准化设计。但装配式建筑的设计并非传统意义上千篇一律的标准设计，而是尊重个性化和多样化的标准化设计。

建筑设计多样化不等于自由化，而是要求设计标准化与多样化相结合，部品部件设计在标准化的基础上做到系列化、通用化。这就需要针对不同建筑类型和部品部件的特点，结合建筑功能需求，从设计、制造、安装、维护等方面入手，划分标准化模块，进行部品部件以及结构、外围护、内装和设备管线的模数协调及接口标准化研究，建立标准化技术体系，实现部品部件和节点的模数化、标准化，使设计、生产、施工、验收全部纳入尺寸协调的范畴，形成装配式建筑的通用建筑体系。在这个基础上，建筑设计通过将标准化模块进行组合和集成，形成多种形式和效果，达到多样化的目的。

装配式建筑的标准化设计不等于单一化的标准设计，标准化是方法和过程，多样性是结果，是在固有标准系统内的灵活多变，就像乐高积木中依托大量的标准件和少量的非标准零件，组合形成丰富多彩的乐高建筑（图 7-3）。

图 7-3　乐高建筑模拟图

7.1.4　预制化装配化和建筑工业化的认识

装配式建筑的表现形式是在工厂进行部品部件（构件）预制、生产，现场装配形成建筑整体。但是，装配式建筑绝不仅仅是预制化装配化，而是以装配式建筑的方式来实现新型建筑工业化，是传统建筑业借鉴制造业的重大变革和产业转型，其认识涉及以下两个方面。

1. 预制化工程与预制化构件

围绕装配式建筑的建造过程，目前普遍的采用的是主体结构切分预制、现场组装的思路，把传统现场浇筑混凝土的工作转移到工厂，把个性化设计的单体工程强行切分进行工厂预制，最终变成了工厂化的“预制化工程”，而非“预制化构件”，偏离了结构部件模数化、标准化的初衷。

2. 建筑装配化与建筑工业化

目前的装配式建筑推进过程中，装配率是衡量建筑工业化水平的重要指标，导致实现了建筑的预制和装配，似乎就实现了建筑工业化的普遍认识。从目前实施的很多项目来看，大部分都是用传统的生产方式加上装配化，采用的依旧是粗放式管理，甚至为了装配化而装配化。

建筑工业化是一整套生产方式的变革，而装配式建筑只是其中的一种建造形式和载体，在房屋建造的全过程中采用标准化设计、工厂化生产、装配化施工和全过程的信息化管理为主要特征的工业化生产方式，形成完整的一体化产业链，从而实现社会化大生产，而不是用简单的“装配化”来概括或替代。

7.1.5 墙体埋设管线和管线分离 SI 体系的认识

目前我国在推行的装配式建筑中，大量仍沿用传统建筑中在结构和墙体中埋设管线的做法，由于管线与结构、墙体的寿命不同，给建筑全寿命期的使用和维护带来了很大的困难。

在这个问题上，从国外引进的管线分离 SI 体系的理念和做法在装配式建筑中值得推广。所谓 SI 体系，是支撑体 S（Skeleton）和填充体 I（Infill）相分离的建筑体系（主要是住宅）。支撑体是指建筑的骨架，但并不等同于国内所说的主体结构，还包括外围护和公共管井等可保持长久不变的部分，强调耐久性；填充体是指填充进支撑体的部分，包括内装和内部设备管线等，强调灵活性与适应性（图 7-4）。

SI 体系从三方面着手实现建筑的耐久性：一是支撑体、设备管线、内装部品三者完全分离，避免传统内装在墙体和楼板内埋设管线的做法；二是让主体结构更耐久，进行耐久性优化设计；三是实现套内空间灵活可变，具有较高的适应性。SI 体系在提高主体结构和内装部品性能、设备管线维护更新、套内空间灵活可变三个方面具有显著特征，可保证住宅在 70～100 年的使用寿命中能够较为便捷地进行内装改造与部品更换，从而达到提高建筑品质、延长建筑使用寿命的目的。

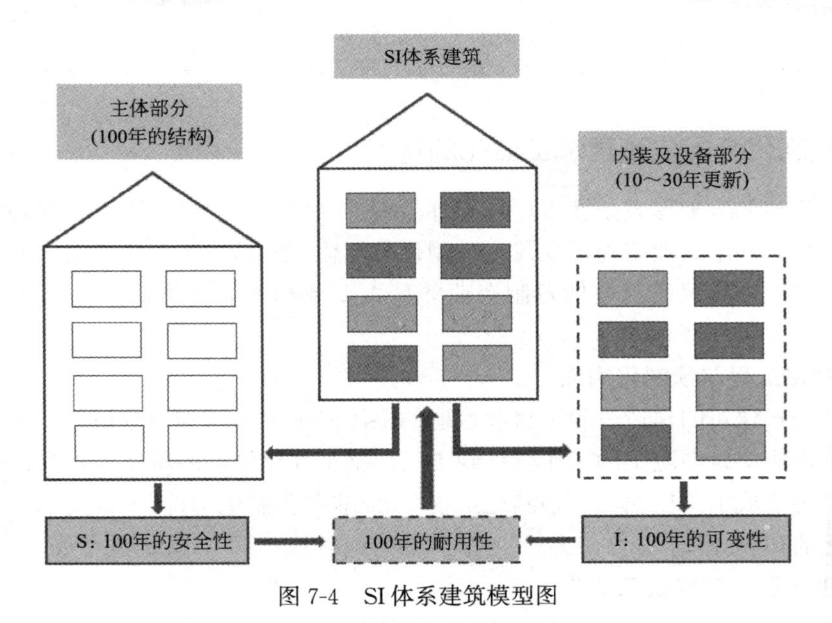

图 7-4 SI 体系建筑模型图

7.2 装配式混凝土建筑施工能力

作为从事装配式混凝土建筑施工的技术工匠，首先应具备国家相关装配式混凝土建筑职业技能标准所要求的法律法规与标准、识图、材料、工具设备、质量检查等相关知识和能力，其次还应在了解装配式混凝土建筑总体工艺流程（图 7-5）的基础上掌握不同构件的装配工艺流程、施工工法等装配技术的知识。

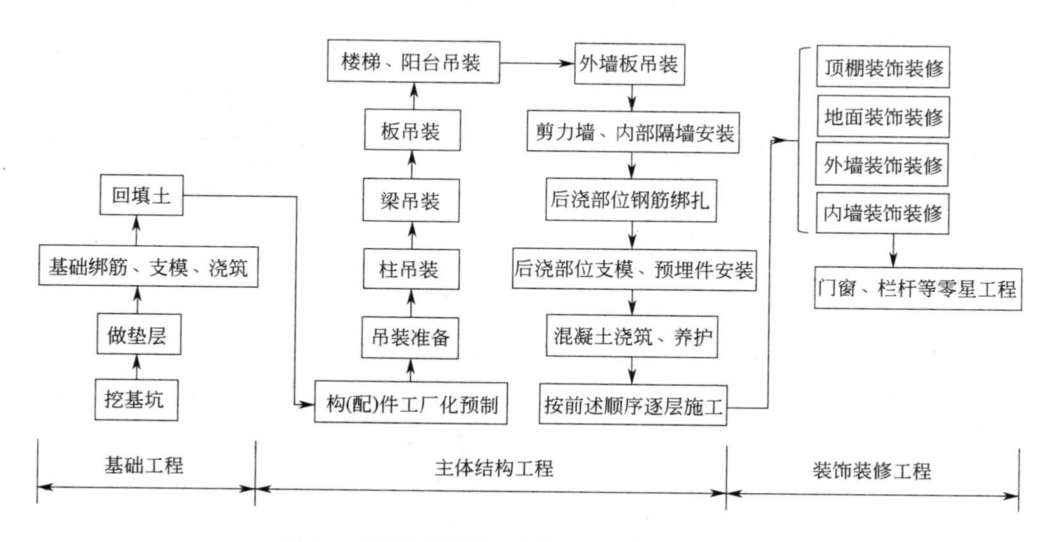

图 7-5　装配式混凝土建筑施工总体工艺流程图

7.2.1　预制混凝土构件安装

1. 构件安装工艺流程

构件安装工艺流程和施工如图 7-6～图 7-9 所示。

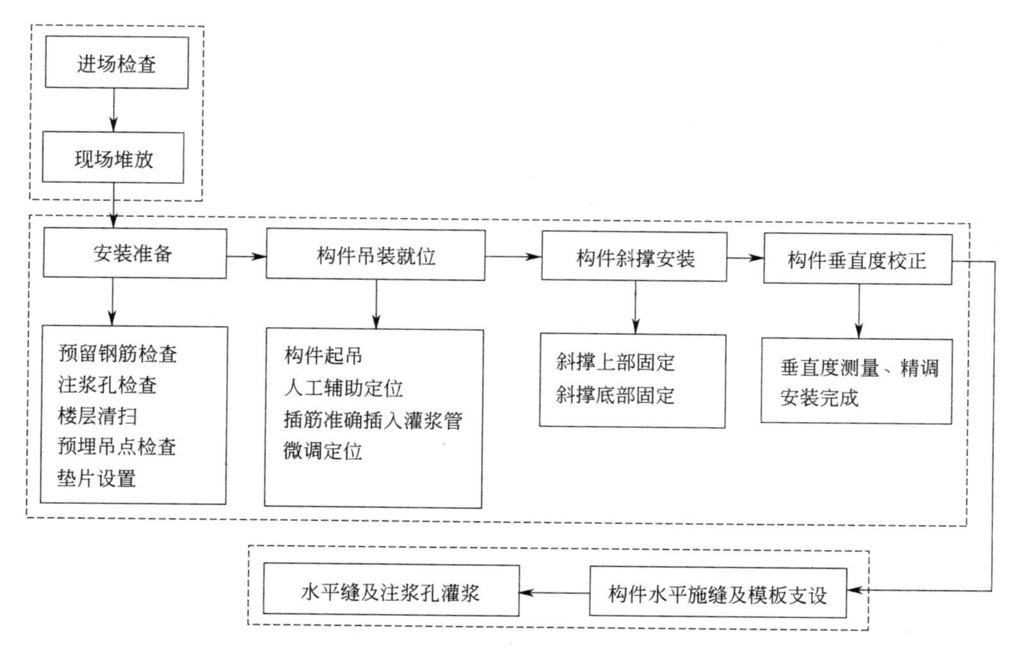

图 7-6　竖向构件安装工艺流程图

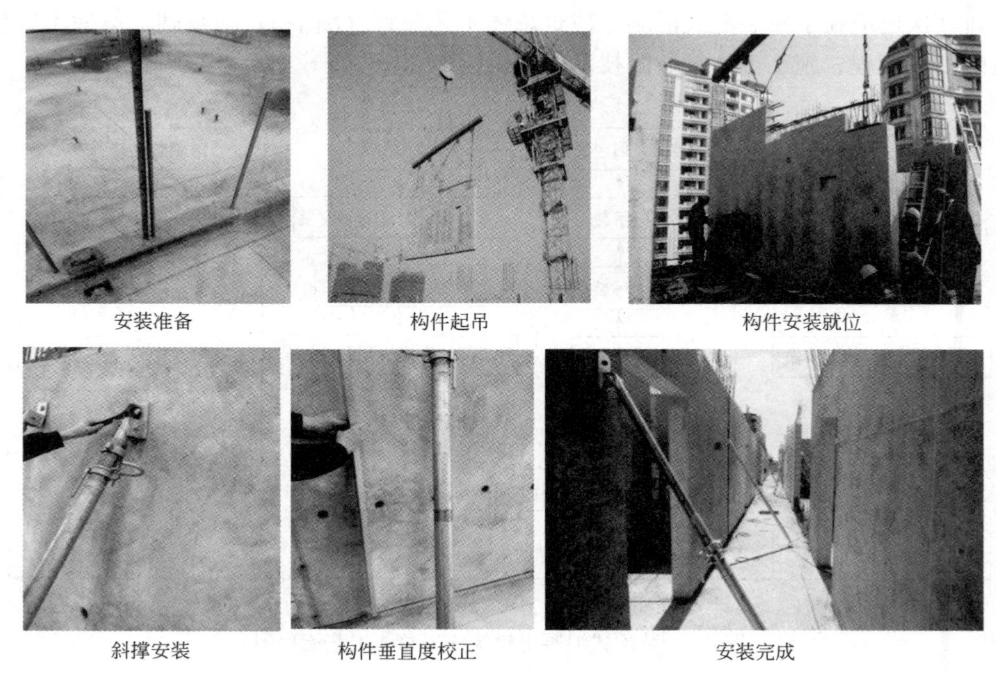

图 7-7　竖向构件安装施工图

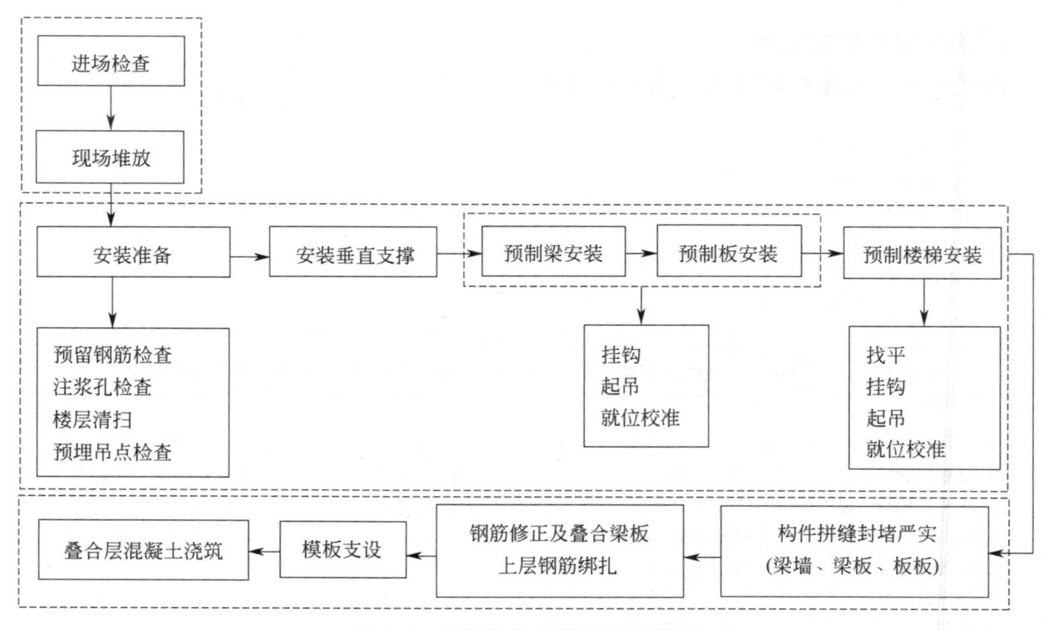

图 7-8　水平构件安装工艺流程图

2. 知识能力

（1）熟悉装配式混凝土建筑结构施工图、结构形式、分类、结构原理及构造、结构特点及适用范围，能识图和简单绘图、定位测量放线、能理解专项施工方案。

（2）熟悉装配式混凝土建筑构件安装前，主体结构与现场施工及环保要求应具备的安

安装垂直支撑

构件挂钩

构件起吊

预制梁安装就位

预制楼板安装就位

预制楼梯安装就位

图 7-9　水平构件安装施工图

装施工条件。

（3）熟悉一般装配式混凝土建筑结构测量放线的方法、步骤。

（4）熟悉吊装设备、吊装机具的性能参数和选用标准。

（5）掌握各类装配式混凝土建筑构件安装施工工艺要求及构件连接的基本要求。

（6）熟悉装配式混凝土建筑结构保温、防水、分格单元的构造和质量要求。

（7）熟悉隐蔽工程验收记录的内容及验收方法。

（8）熟悉装配式混凝土建筑结构安装施工技术规范和标准，施工安装措施材料的适用范围、质量标准和选材原则，与相关专业的技术协调和现场施工配合。

（9）熟悉装配式混凝土建筑结构施工常用连接标准件的种类、型号、性能及安装要求，预埋连接件和其他预埋功能性材料的种类、用途和质量要求。

（10）熟悉装配式混凝土建筑结构构件进场验收和材料复验的要求。

（11）熟悉装配式混凝土建筑结构安装常用机具的种类、性能、用途和维护保养知识。

（12）了解装配式混凝土建筑结构现场施工试验及施工验收标准。

（13）了解测量仪器、检查器具的使用方法和专业灌浆设备器具的维护保养知识。

（14）了解对装配式混凝土建筑结构安全检验和维修的要求。

（15）了解装配式混凝土建筑结构施工通病防治措施。

（16）熟悉安全施工的规定和技术要点。

3. 操作能力

（1）能看懂一般建筑结构图，装配式混凝土建筑结构构件施工安装图、节点图，并熟悉安装质量要求。

（2）会使用水准仪、经纬仪、激光垂直仪等测量仪器，能够在主体结构楼板与墙、柱、梁上进行测量放线，标出预制构件的定位线，钢筋定位、埋件定位、连接件等精确定位放线。

（3）能对结构少量偏差，利用预制结构构件的尺寸偏差进行位置调整。

（4）能对预埋件进行定位安装，标出预埋件正确安装的位置，并对偏差预埋件进补救处理。

（5）熟悉各种装配式混凝土建筑结构构件安装节点部位的防火、防雷、防水、保温安装技术规程、操作技术要点、工序质量控制要点及安全防护措施。

（6）熟悉对装配式混凝土建筑结构构件进行安装和检验的技术要点。

（7）熟悉各种装配式混凝土建筑结构安装质量检查验收规范。

（8）掌握装配式混凝土建筑结构吊装安装工艺操作。

（9）熟悉装配式混凝土建筑结构成品保护重点及施工过程成品保护方法与预控措施。

（10）能对装配式混凝土建筑结构措施性材料安装器具的使用安全、使用性能进行检查。

（11）能熟练掌握和使用装配式混凝土建筑结构各种安装机具、设备，对常用机具、设备进行保养和故障排除。

（12）能对施工过程安全隐患进行防范和排除。能做到施工自身安全保护，并监督管理好班组人员安全作业施工。

7.2.2 预制混凝土构件连接

1. 构件连接工艺流程

构件连接在装配式建筑施工中是一个很重要的环节，对其连接工艺和施工技术应该了解和掌握。如图 7-10～图 7-14 所示。

2. 知识能力

（1）了解并掌握预制装配建筑施工图的基本知识，懂得识图，熟悉分部分项施工图、节点图、预制构件配筋图。

（2）掌握施工图确定钢筋连接施工部位，并能绘制一般的灌浆分仓图、灌浆顺序编号。

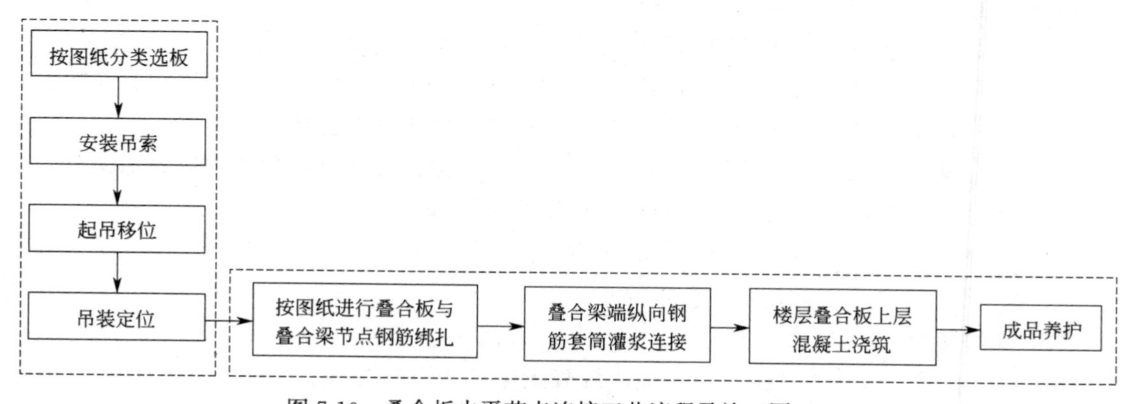

图 7-10　叠合板水平节点连接工艺流程及施工图（一）

图 7-10　叠合板水平节点连接工艺流程及施工图（二）

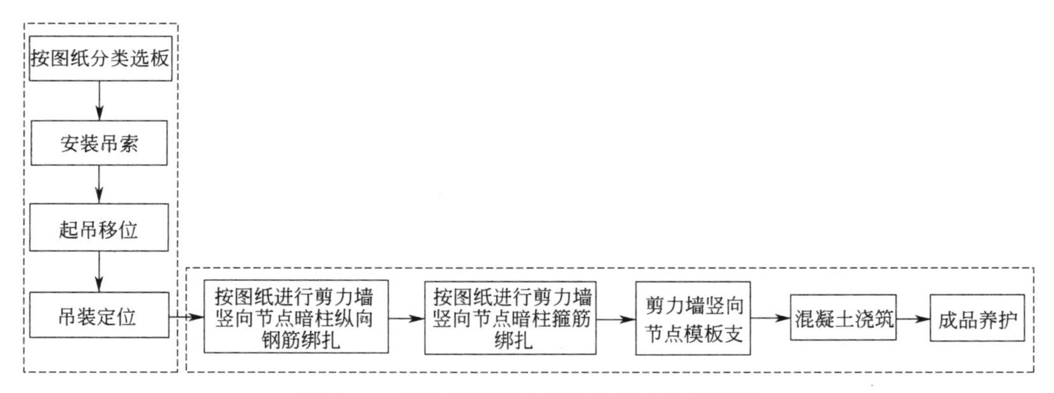

图 7-11　剪力墙板竖向节点连接工艺流程图

（3）了解构件连接施工技术相关规范和标准；掌握接头形式、分类、结构原理及构造的一般知识；熟悉各种接头材料的标识、适用范围、质量标准和选材原则。

（4）了解钢筋的加工和灌浆套筒预制构件内安装的工艺方法。

（5）熟悉构件连接安装前，主体结构与现场施工及环保要求应具备的安装施工条件；熟悉连接施工与相关专业的技术协调和现场施工配合。

（6）了解各类钢筋连接施工工艺要求及各类连接施工方法和机械的选择。

（7）熟悉构件连接施工常用机具的种类、性能、用途和维护保养知识。

（8）熟悉灌浆料特性和配制方法；了解灌浆施工材料进场验收和材料复验的要求。

（9）熟悉构件连接施工验收记录的内容及验收方法，以及施工现场施工试验及施工验收标准。

图 7-12　剪力墙板竖向节点连接施工图

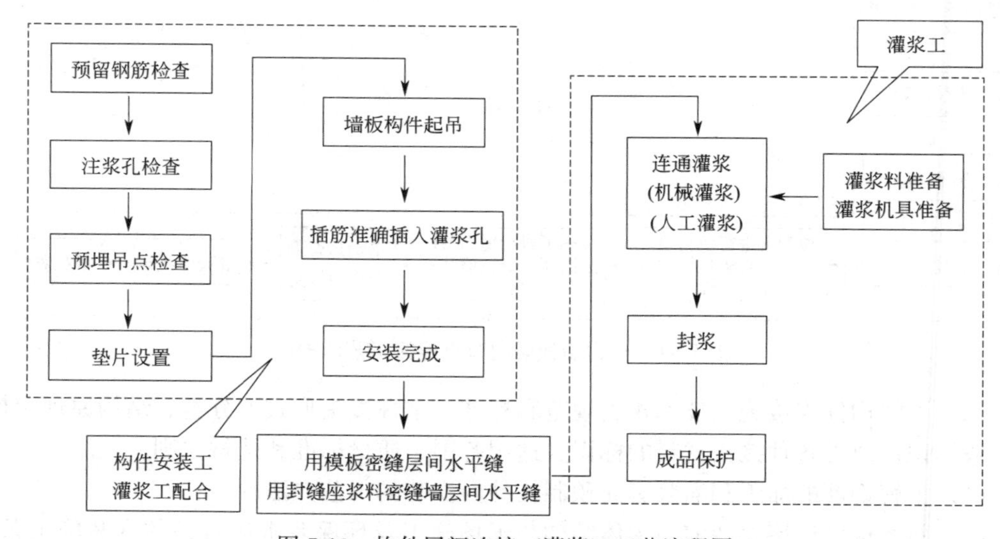

图 7-13　构件层间连接（灌浆）工艺流程图

（10）熟悉构件连接施工测量仪器、计量器具的使用方法和仪器、器具的维护保养知识。

（11）熟悉不同温度对构件连接施工的影响；了解连接施工的质量通病及防治措施。

（12）熟悉安全施工的规定和技术要点。

图 7-14　构件层间连接（灌浆）施工图

3. 操作能力

（1）能看懂一般预制装配建筑结构图、施工图、节点图、配筋图。

（2）掌握灌浆分仓图绘制及灌浆顺序编排和灌浆分仓、封仓工艺操作；熟悉灌浆料现场配制。

（3）能够根据图纸计算连接用材料用量。

（4）能熟练掌握和使用各种连接安装机具、设备，对常用机具、设备进行保养和故障排除。

（5）会使用流动度检测仪、灌浆饱满性检测仪、台秤、量杯、温度计等测量仪器。

（6）能对钢筋位置、长度、弯折度进行检测，标出钢筋安装的正确位置，并对偏差钢筋进行补救处理。

（7）熟悉各种构件连接施工方法；施工补救处理；连接试件、试块的制作与养护。

（8）熟悉连接施工质量检查验收规范；成品保护要求及质量通病原因及防治方法。

（9）能对施工过程安全隐患进行防范和排除，做到施工自身安全保护。

7.3　装配式钢结构建筑施工能力

本小节内容主要以冷弯薄壁型钢构件为基本结构骨架的装配式轻钢结构建筑和重型钢构件为承重结构的装配式重型钢结构建筑为对象，讲述作为装配式钢结构建筑施工的技术工匠，除应具备国家相关装配式钢结构建筑职业技能标准所要求的法律法规与标准、识图、材料、工具设备、质量检查等相关知识和能力外，还应在了解装配式钢结构建筑总体工艺流程的基础上，需要具备的钢结构建筑不同系统的安装工艺流程、施工工法等装配技术的知识和能力。

7.3.1　装配式轻钢结构建筑

装配式轻钢结构建筑施工流程如图 7-15～图 7-19 所示，施工示意图如图 7-20

所示。

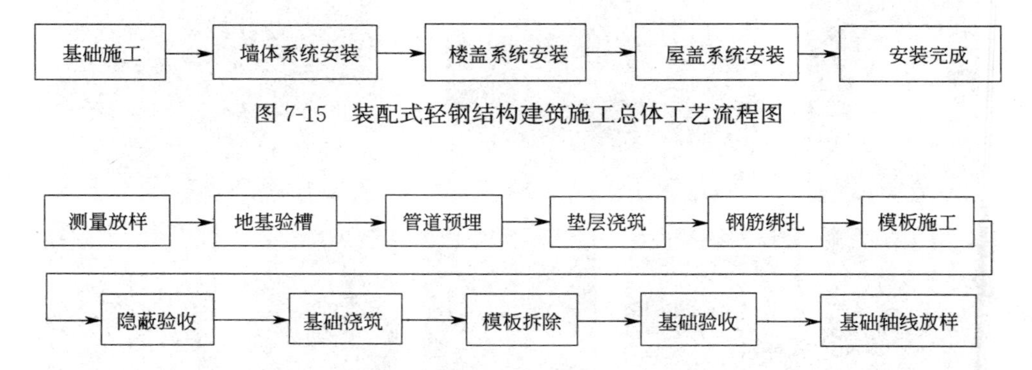

图 7-15　装配式轻钢结构建筑施工总体工艺流程图

图 7-16　装配式轻钢结构建筑基础施工流程图

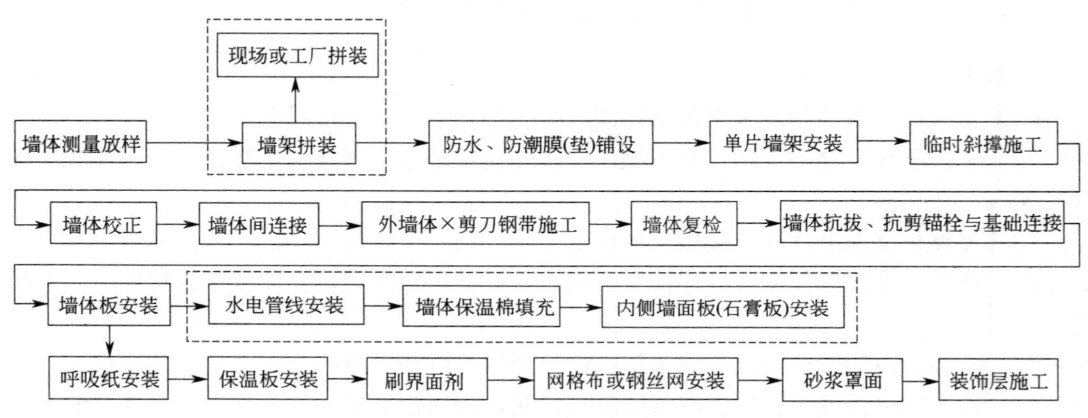

图 7-17　装配式轻钢结构建筑墙体系统安装施工流程图

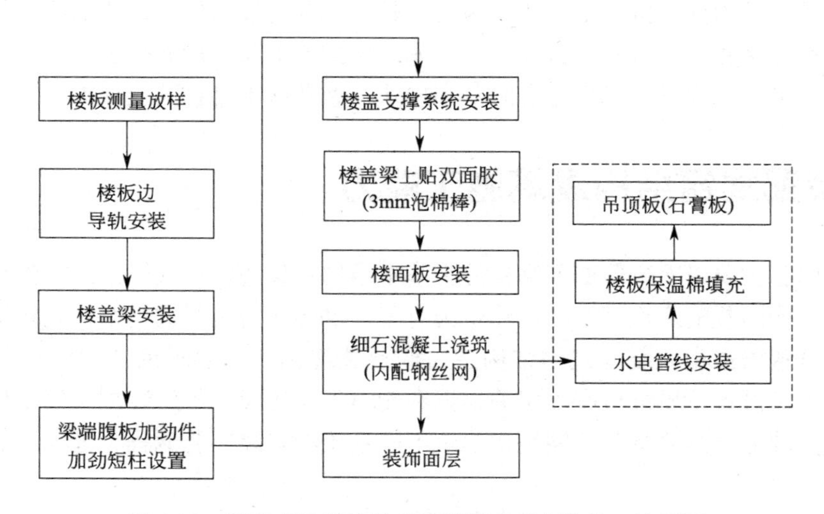

图 7-18　装配式轻钢结构建筑楼板系统安装施工流程图

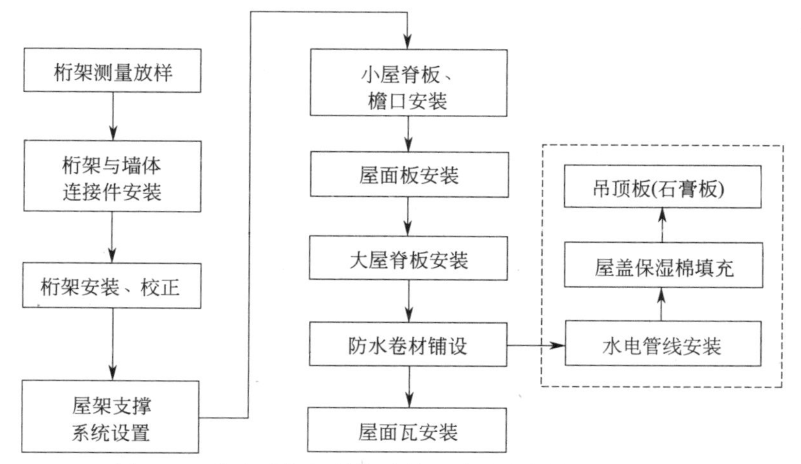

图 7-19　装配式轻钢结构建筑屋盖系统安装施工流程图

图 7-20　装配式轻钢结构建筑安装施工示意图

(1) 墙体拼装；(2) 墙体与基础连接；(3) 局部临时加固；(4) 楼板系统拼装；(5) 楼板系统安装；
(6) 楼板与墙体连接；(7) 二层墙体系统安装；(8) 二层楼板系统安装；(9) 墙面板及屋盖系统安装；(10) 安装完成

1. 知识能力

（1）熟悉装配式轻钢结构建筑施工图、构造特点及适用范围，能识图和简单绘图、定位测量放线，能理解专项施工方案。

（2）熟悉装配式轻钢结构建筑构件安装前，主体结构与现场施工及环保要求应具备的安装施工条件。

（3）熟悉轻钢结构现场材料的进场验收和选用要求。

（4）熟悉吊装设备、施工机具的性能参数和选用标准。

（5）熟悉轻钢结构构件的加工工艺流程及构件验收要求。

（6）熟悉轻钢结构建筑的基础交接验收；构件组装及安装要求和标准。

（7）熟悉轻钢结构建筑安装常用机具的种类、性能、用途和维护保养知识。

（8）了解轻钢结构建筑现场施工验收标准。

（9）了解测量仪器、检查器具的使用方法及维护保养知识。

（10）了解对轻钢结构建筑结构安全检验和维修的要求。

（11）了解轻钢结构建筑结构施工通病防治措施。

（12）熟悉安全施工的规定和技术要点。

2. 操作能力

（1）能看懂一般轻钢结构建筑结构图，构件施工安装图及节点图，能识读专项安装方案、技术交底并熟悉安装质量要求。

（2）会使用水准仪、经纬仪、激光垂直仪等测量仪器进行测量放线。

（3）能对轻钢结构建筑施工现场材料进行进场验收。

（4）能熟练掌握轻钢结构建筑的主要施工工艺、能把握各个施工过程中的要点并进行控制。

（5）能比较轻钢结构建筑施工过程中主要施工方法的特点，并进行合理的选择。

（6）能根据相关轻钢结构建筑施工技术规范对主要工序的成品质量进行检查和控制。

（7）能对轻钢结构建筑结构措施性材料安装器具的使用安全、使用性能进行检查。

（8）能熟练掌握和使用轻钢结构建筑各种安装机具、设备，对常用机具、设备进行保养和故障排除。

（9）能对施工过程安全隐患进行防范和排除。能做到施工自身安全保护，并监督管理好班组人员安全作业施工。

7.3.2 装配式重型钢结构建筑

装配式重型钢结构建筑制作安装工艺流程和安装施工示意图如图 7-21 和图 7-22 所示。

1. 知识能力

（1）了解装配式重型钢结构建筑基本理论、基本概念及建筑钢材的选用。

（2）熟悉装配式重型钢结构施工图。

（3）掌握装配式重型钢结构建筑现场材料的进场验收内容。

（4）熟悉钢结构构件加工的工艺流程、构件验收。

（5）掌握装配式重型钢结构建筑基础的交接验收。

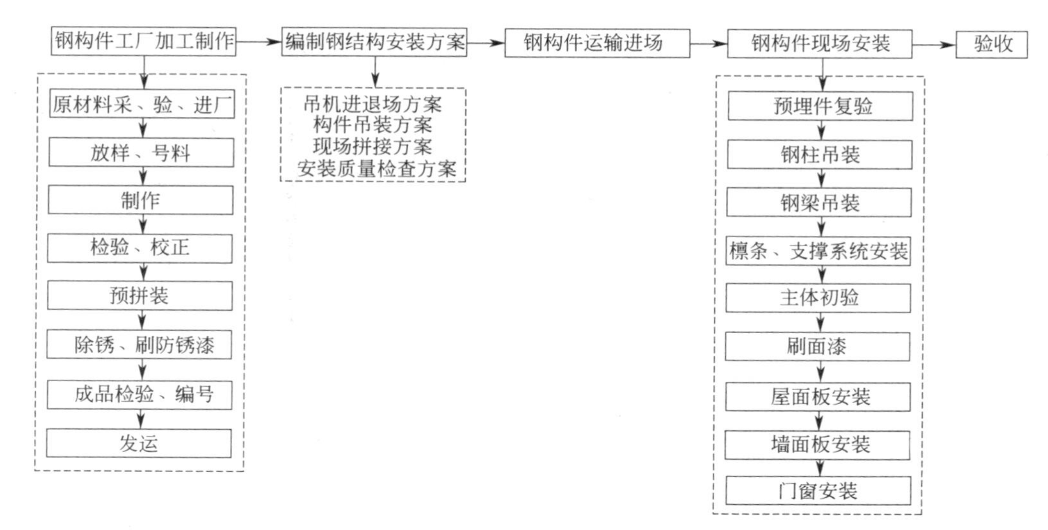

图 7-21　装配式重型钢结构建筑制作安装工艺流程图

图 7-22　装配式重型钢结构建筑生产安装施工示意图（一）

（1）放样、号料；（2）切割、下料；（3）生产制作；（4）检验校正；（5）除锈；（6）刷漆；（7）钢柱吊装；（8）钢梁吊装；（9）檩条、支撑系统安装；

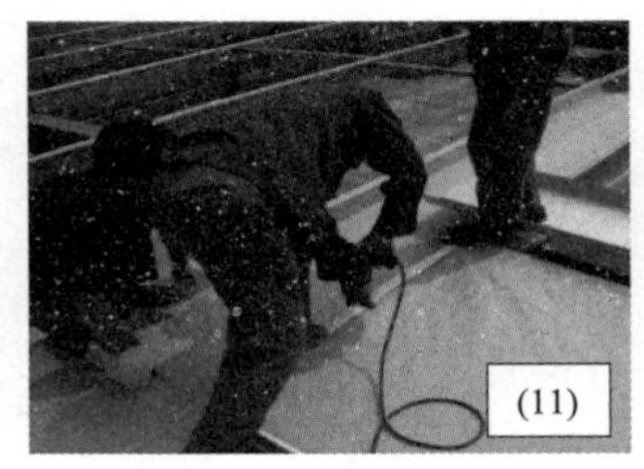

图 7-22 装配式重型钢结构建筑生产安装施工示意图（二）
（10）屋面板安装；（11）保温层安装；（12）墙面板安装

（6）掌握装配式重型钢结构建筑施工机械的选择。
（7）掌握装配式重型钢结构建筑各构件的吊装、施工等内容。
（8）掌握装配式重型钢结构建筑的验收内容。
（9）掌握装配式重型钢结构建筑吊装方案、技术交底等内容。

2. 操作能力

（1）能识读装配式重型钢结构建筑的结构施工图、施工方案及技术交底。
（2）能对钢结构施工现场材料进行进场验收。
（3）能描述钢结构施工中主要的施工工艺流程。
（4）能比较主要施工方法的特点，并进行较合理的选择。
（5）能把握各个施工过程中的要点并进行控制。
（6）能根据施工技术规范对主要工序的成品质量进行检查和控制。
（7）能收集、处理现场信息，并进行一定的现场组织与管理。

7.4 装配式建筑现场施工管理能力

由于多年来我国建筑业是以现场施工方式为主流，绝大多数建筑企业已经习惯于现场施工，不论从施工技术还是施工管理，预制装配式施工对建筑企业来说都是比较新的课题。不同于传统施工，装配式建筑施工需要在施工的过程中不断总结，不断改进。需要相关方从方案设计、项目开发，到制作构件、运输、现场测量、吊装、连接等各道工序强化技术力量和安全管理水平，以适应建筑业在走向工业化、规模化和标准化进程中的质量、安全管理水平。

7.4.1 施工准备工作

（1）施工组织设计时应根据项目特点、施工流程和施工工艺，明确预制构件进场路线及堆放位置，编制各类构件进场和堆放计划。

（2）场地平面布置应能满足各类构件运输、卸车、堆放、吊装的安全要求。

（3）根据施工进度和预制构件的总量，构件堆放场地有效面积不宜小于楼层面积的1/2，且应在现场吊装起重机械覆盖范围内，不宜二次搬运。

（4）根据施工现场预制构件不同区域的卸运码放工作条件，可设置流动式起重机械。

(5) 根据装配式建筑专项施工方案，构件堆放场地应设置围挡及警示标志。

(6) 场地、道路应平整坚实、排水畅通，并应进行承载力验算。

(7) 在地下室顶板等结构部位设置临时道路、堆放场地时，应经过设计单位复核，若不符合要求，应进行加固处理，并经过设计单位确认。

(8) 现场配置吊运起重机械的规格和数量应满足预制构件进场、卸车、堆放、吊装等作业的要求。

(9) 现场建筑施工起重机械、工具式吊具、构件支承架应进行安全验算。

7.4.2 预制构件的运输

1. 运输路线及运输道路要求

运输前，组织人员对运输道路情况进行查勘（包括沿途上空有无障碍物、公路桥的允许负荷量、过的涵洞净空尺寸等）；结合网络地图，规划好运输路线进行运输，路线尽量选择高速公路，避免狭窄拥挤的市区道路。

现场运输道路应平整坚实，以防止车辆摇晃时引致构件碰撞、扭曲和变形。运输车辆进入施工现场的道路，应满足预制构件的运输要求。

2. 运输方式

预制构件运输过程中，车上应设有专用架，且需有可靠的稳定构件措施。预制外墙板（内墙板）宜采用竖立方式运输，装车时在车厢底部垫上 100mm×100mm 的通长木方，木方上垫 15mm 以上的硬橡胶垫或其他柔性垫以及根据预制板的尺寸合理放置板之间的支点方木，同时保证板与板之间接触面平整，受力均匀。预制叠合板、叠合梁、楼梯、阳台宜采用平放方式运输，叠合板标准 6 层/叠，堆码时按产品尺寸大小堆码；叠合梁 2～3 层/叠，最上层高度不得超过挡边一层（图 7-23～图 7-26）。车辆启动应慢，车速应匀，转弯错车时要减速，并且应留意稳定构件措施的状态。

图 7-23 墙板运输示意图

图 7-24 叠合板运输示意图

3. 吊装设备、器具

(1) 吊装设备

预制构件起重设备的选型应综合考虑现场的场地条件、建筑物的总高度、层数、面积等因素，综合成本核算、施工进度情况、施工吊装情况等，选择汽车吊或者塔吊（图 7-27～

图 7-29）。汽车吊主要用于现场驳运、卸货或者面积较大、布置塔吊使用率低，且吊装量不大的情况下的低层厂房等建筑物。塔吊是适用于中高层装配式建筑构件的吊装，还可以兼顾其他施工材料的水平垂直运输。

图 7-25　楼梯运输示意图

图 7-26　阳台运输示意图

图 7-27　塔式起重机

图 7-28　履带式起重机

图 7-29　轮胎式起重机

（2）吊装器具

装配式建筑施工所用吊装器具主要为各类索具、吊具等，如图 7-30、图 7-31 所示。

7.4.3　预制构件进场验收与存放

1. 预制构件进场验收

预制构件进场时，应对预制构件的外观质量、标识、预埋件、外露钢筋逐一进行检查，并检查由构件厂家提供的资质文件、合格证、清单、各类原材的工程资料。

（1）预制构件应在明显部位标明生产单位、构件型号和编号、生产日期和出厂质量验收标志。

检查数量：全数检查。

检验方法：观察。

（2）预制构件上的预埋件、吊环、连接钢筋、预留焊接埋件、套筒和预留孔洞的规格、位置和数量应符合标准图或设计的要求。

检查数量：全数检查。

检验方法：观察、量测。

（3）预制构件的外观质量不宜有一般缺陷。对已经出现的一般缺陷，应由施工单位按技术处理方案进行处理，并重新检查验收。

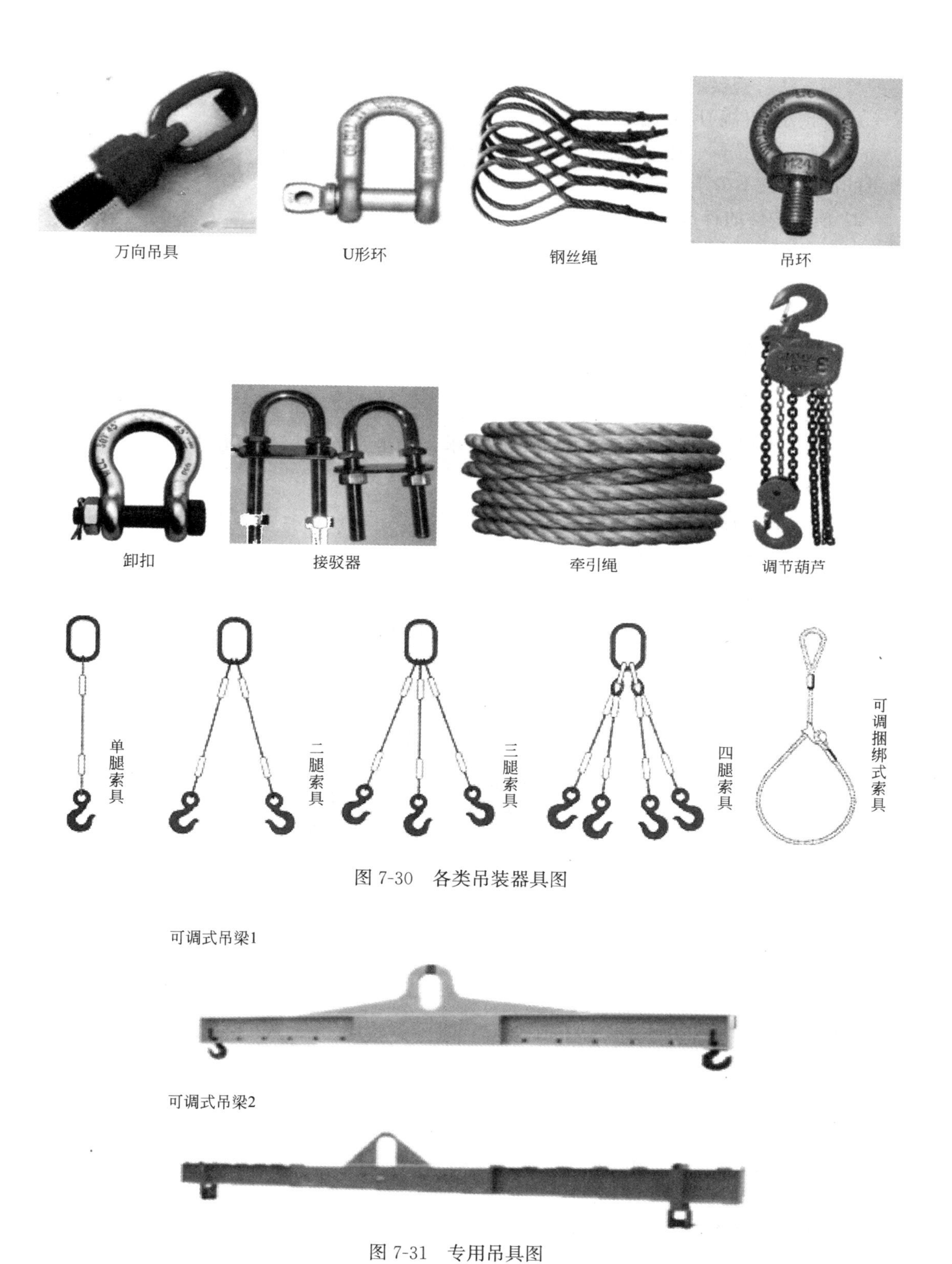

图 7-30　各类吊装器具图

图 7-31　专用吊具图

检查数量：全数检查。

检验方法：观察，检查技术处理方案。

(4) 预制构件的尺寸偏差应符合以下规定：

检查数量：按同一生产企业、同一品种的构件，不超过 100 个为一批，每批抽查构件数量的 5%，且不少于 3 件。

2. 预制构件的存放

(1) 吊车与构件临时堆放区域设置

吊车选型应考虑最重构件的重量，预制构件临时堆放场地需在吊车作业范围内，且应在吊车一侧，避免在吊车工盲区作业（图 7-32）。预制构件现场布置原则主要有以下几方面：

1) 重型构件靠近起重机布置，中小型则布置在重型构件外侧。

2) 尽可能布置在起重半径的范围内，以免二次搬运。

3) 构件布置地点应与吊装就位的布置相配合，尽量减少吊装时起重机的移动和变幅。

4) 构件叠层放置时，应满足安装顺序要求，先吊装的底层构件在上，后吊装的上层构件在下。

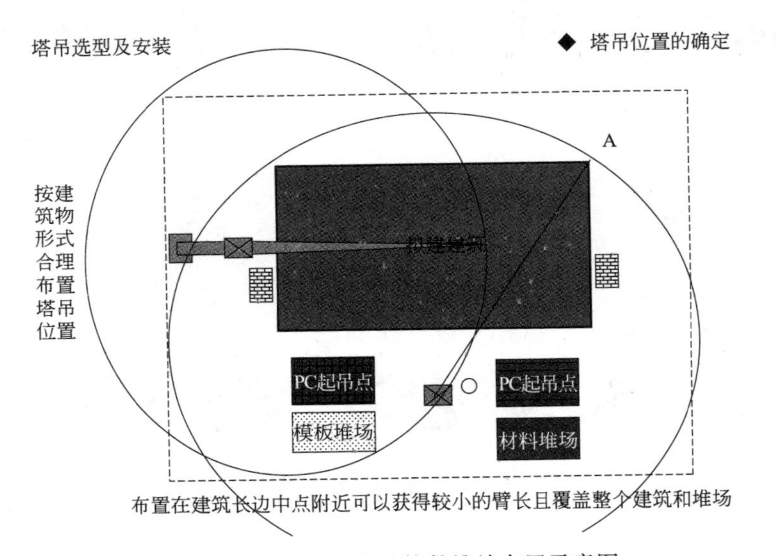

图 7-32 塔式起重机及构件堆放布置示意图

(2) 预制构件临时堆放要求

预制构件堆放时应按吊装顺序、规格、品种、所用幢号房等分区配套堆放，不同构件堆放之间宜设宽度为 0.8～1.2m 的通道，并有良好的排水措施。

临时存放区域应与其他工种作业区之间设置隔离带或做成封闭式存放区域，避免构件吊装转运过程中影响其他工种正常工作，防止发生安全事故（图 7-33）。

7.4.4 施工现场质量管理

1. 施工质量验收要求

(1) 进入现场的预制墙板，其外观质量、尺寸偏差及结构性能应符合设计及相关技术标准要求。

预制墙板存放

预制叠合楼板存放

插放型存放架

预制楼梯存放

预制梁存放

A字型存放架

图 7-33　预制构件堆放示意图

检查数量：全数检查。

检验方法：检查构件合格证。

（2）预制装配钢筋混凝土外墙与结构之间的连接应符合设计要求。

检查数量：全数检查。

检验方法：观察、检查施工记录。

（3）预制装配钢筋混凝土外墙临时吊装支撑应符合设计及相关技术标准要求，安装就位后应采取保证构件稳定的临时固定措施。

检查数量：全数检查。

检验方法：观察、检查施工记录。

（4）承受内力的后浇混凝土接头和拼缝，当其混凝土强度未达到设计要求时，不得吊装上一层结构构件；当设计无具体要求时，应在混凝土强度不小于 $10N/mm^2$ 或具有足够的支承时方可吊装上一层结构构件。已安装完毕的装配整体式结构，应在混凝土强度达到设计要求后，方可承受全部设计荷载。

检查数量：全数检查。

检验方法：检查施工记录及龄期强度试验报告。

（5）预制装配钢筋混凝土外墙存放和运输时的支承位置和方法应符合标准图或设计的要求。

检查数量：全数检查。

检验方法：观察检查。

（6）预制装配钢筋混凝土外墙安装就位，应根据水准点和轴线校正位置。预制装配钢筋混凝土外墙吊装尺寸偏差应符合表 7-1 的规定。

检查数量：全数检查。

检验方法：观察，钢尺检查。

预制构件吊装尺寸允许偏差表　　表 7-1

项目	允许偏差(mm)	检验方法
轴线位置	3	钢尺检查
底模上表面标高	±3	水准仪或拉线、钢尺检查
每块外墙板垂直度	3	2m 拖线板检查(四角预埋件限位)
相邻两板表面高低差	2	2m 靠尺和塞尺检查
外墙板外表面平整度(含面砖)	3	2m 靠尺和塞尺检查
空腔处两板对接对缝偏差	±3	钢尺检查
外墙板单边尺寸偏差	±3	钢尺量一端及中部，取其中较大值
连接件位置偏差	±5	钢尺检查
斜撑杆位置偏差	±20	钢尺检查

2. 成品保护

（1）预制构件在运输、堆放、安装施工过程中及装配后应做好成品保护。

（2）预制构件在运输过程中宜在构件与刚性搁置点处填塞柔性垫片（图 7-34）。

（3）现场预制构件堆放处 2m 内不应进行电焊、气焊作业。

（4）预制构件暴露在空气中的预埋铁件应抹防锈漆，防止产生锈蚀。预埋螺栓孔应采用海绵棒填塞，防止混凝土浇捣时将其堵塞。

（5）预制楼梯安装后，踏步口宜铺设木条或其他覆盖形式保护。

（6）预制外墙板安装完毕后，门、窗框应用槽型木框保护。

（7）预制楼梯安装完成后，采用旧模板对预制楼梯进行全覆盖保护，以免对面层、边角造成损坏（图 7-35）。

图 7-34　预制构件运输保护示意图

3. 工具运用及工艺革新

依靠人力的监督只能使施工质量通病发生概率降低，但不能根除。围绕装配式建筑施工专用工具的使用及工艺工法的革新是提高施工质量的重要途径（图 7-36）。

图 7-35 预制楼梯全覆盖保护示意图

钢筋定位器

楼梯专用吊具

叠合板专用吊具

墙板专用吊具

位移微调工具

图 7-36 装配式建筑施工用部分专用工具及工法示意图

7.4.5 施工现场安全文明管理

1. 预制构件运输安全管理

1）预制构件的运输线路应根据道路、桥梁的实际条件确定；场内运输宜设置循环线路。

2）运输车辆应满足构件尺寸和载重要求。

3）装卸构件时应考虑车体平衡，避免造成车体倾覆。

4）应采取防止构件移动或倾倒的绑扎固定措施。

5）运输细长构件时应根据需要设置水平支架。

6）对构件边角部或链索接触处的混凝土，宜采用垫衬加以保护。

2. 预制构件堆放安全管理

1）应根据预制构件的类型选择合适的堆放方式及规定堆放层数，同时构件之间应设置可靠的垫块。

2）使用货架堆置，货架应进行力学计算，满足承载力要求。

3）堆场应硬化平整、整洁无污染、排水良好。

4）构件堆放区应设置隔离围栏，按品种、规格、吊装顺序分别设置堆垛。

5）其他建筑材料、设备不得混合堆放，防止搬运时相互影响造成伤害事。

3. 塔式起重机附着装置安全管理

预制构件由于自重较大，因此对塔式起重机等起重设备的附着措施要求十分严格。不得将附墙与外挂板、内墙板等非承重构件连接，且应优先选择窗洞、阳台伸进。建设单位与施工单位应于预制构件工厂生产阶段之前将附墙杆件与结构连接点所处的位置向预制工厂交底，在构件预制过程中将其连接螺栓预埋到位，以便施工阶段塔吊附着措施的精确安装。附墙杆件与结构的连接应采用竖向位移限制、水平向转动自由的铰接形式（图 7-37）。

图 7-37　塔式起重机附着装置安装示意图

4. 现场吊装作业安全管理

1）汽吊司机、履带吊司机、塔吊司机以及指挥、司索均属于特种作业人员，根据《特种作业人员安全技术培训考核管理规定》（国家安全生产监督管理总局 30 号令）第五条的规定，特种作业人员必须经专门的培训并考核合格，取得《中华人民共和国特种作业操作证》后，方可上岗作业。

2）吊装区域内严禁站人，吊钩脱落、吊点损坏都极易引起安全事故的发生（图 7-38）。

3）起重作业时必须明确指挥人员，指挥人员应佩戴明显的标志。

4）起重指挥必须按规定的指挥信号进行指挥，其他作业人员应清楚吊装安全操作规程和指挥信号；起重指挥应严格执行吊装安全操作规程。

5）正式起吊前应进行试吊，试吊中检查全部机具受力情况，发现问题应先将工件放回地面，故障排除后重新试吊，确认一切正常，方可正式吊装。

6）吊装过程中出现故障，应立即向指挥者报告，没有指令，任何人不得擅自离开岗位。

7）起吊重物就位前，不许解开吊装索具；任何人不准随同吊装设备或吊装机具升降。

8）严禁在风速 5 级以上时进行吊装作业。

9）不得在雨、雾天吊装；在吊装过程中如因故中断，必须采取安全措施，不得使设备或构件悬空过夜。

10）起吊物件落下的位置，必须用方木或其他材料进行支垫，确保物件落下后顺利抽取钢丝绳。

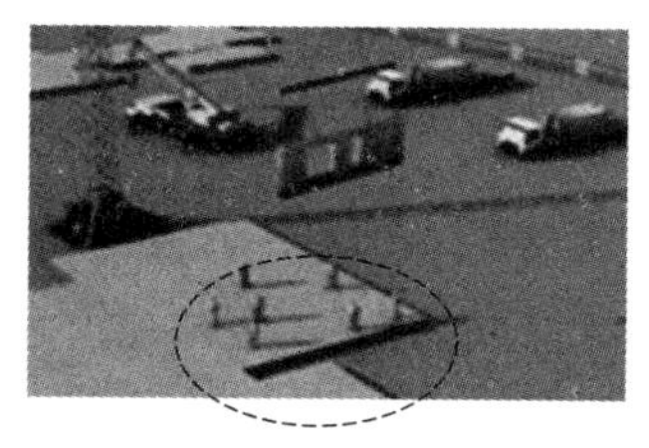
严禁站人

吊钩脱落

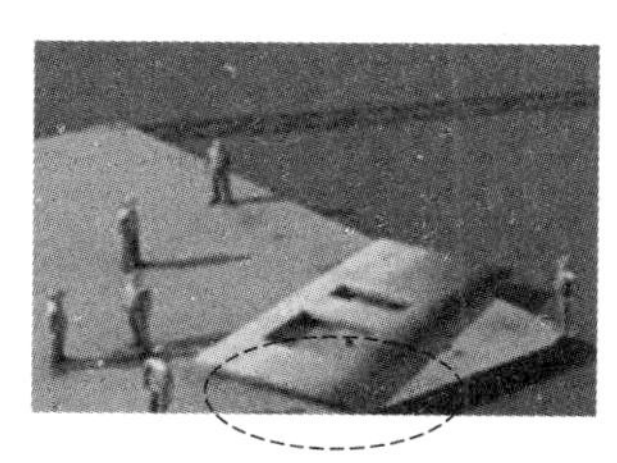
坠落伤害

吊点损坏

红色区域(圆圈部位)严禁站人

增加保护钢索

图 7-38　现场吊装作业安全管理示意图

5. 临时支撑体系安全管理

1）预制剪力墙、柱的临时支撑体系

预制剪力墙、柱在吊装就位、吊钩脱钩前，需设置工具式钢管斜撑等形式的临时支撑以维持构件自身稳定，斜撑与地面的夹角宜呈 45°～60°，上支撑点宜设置在不低于构件高度的 2/3 位置处；为避免高大剪力墙等构件底部发生面外滑动，还可以在构件下部再增设一道短斜撑。

2）预制梁、楼板的临时支撑体系

预制梁、楼板在吊装就位、吊钩脱钩前，根据后期受力状态与临时架设稳定性考虑，可设置工具式钢管立柱、盘扣式支撑架等形式的临时支撑。

3）临时支撑体系的拆除

临时支撑体系的拆除应严格依照安全专项施工方案实施。对于预制剪力墙、柱的斜撑，在同层结构施工完毕、现浇段混凝土强度达到规定要求后方可拆除；对于预制梁、楼板的临时支撑体系，应根据同层及上层结构施工过程中的受力要求确定拆除时间，在相应结构层施工完毕、现浇段混凝土强度达到规定要求后方可拆除（图 7-39）。

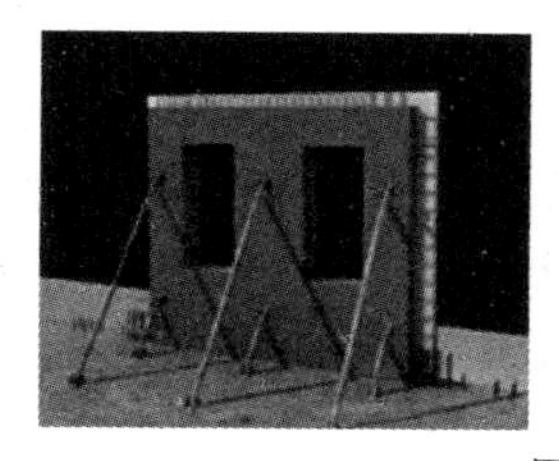

图 7-39　临时支撑体系安全管理示意图

6. 临边及高处作业防护安全管理

对于装配式建筑施工而言，为了凸显装配式建筑不搭设外架的特点，其高处作业及临边作业的安全隐患尤为突出，搭设过程中应当严格按照相关规定要求，攀登作业所使用的设施和用具结构构造应牢固可靠，使用梯子时单梯不得垫高使用，不得双人在梯子上作业，在通道处使用梯子设置专人监控，安装外墙板使用梯子时，必须系好安全带，正确使用防坠器。同时，为了防止登高作业事故和临边作业事故的发生，可在临边搭设定型化工具式防护栏杆，如图 7-40 所示。

图 7-40　临边及高处作业防护安全管理示意图

7. 预防重物坠落安全管理

预制构件装配时，若是混凝土的强度不够，可能从高空坠落，砸伤地面施工人员事故。因此，施工现场应根据具体情况设置安全通道、洞口防护、采光井防护等防重物坠落的设施（图 7-41）。

安全通道

洞口防护

采光井防护

图 7-41　预防重物坠落安全管理示意图

8. 临时用电安全管理

在装配式建筑施工中，触电是很容易被忽视却又常常会发生的一类事故，预制构件在完成拼装后，需要对外挂板的拼缝进行防水条焊接，外挂板的固定需要加设斜支撑，都需要用电。为便于施工，施工楼层每层必须设置配电箱方便用电，现场临时用电按照施工规范要求，现场实行“一机一箱一闸一漏”制度，严格执行三级配电二级保护用电原则，楼梯通道使用 36V 安全电压，如图 7-42 所示。

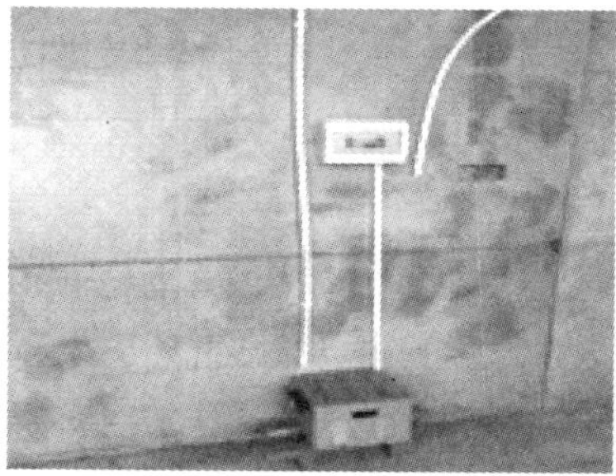

图 7-42　临时用电安全管理示意图

9. 安全制度、安全教育管理

1）吊装指挥系统是构件吊装最主要的核心，也是吊装成败的关键。因此，应成立吊装领导小组，为吊装制定完善和高效的指挥操作系统，绘制现场吊装岗位设置平面图，实行定机、定人、定岗、定责任，使整个吊装过程有条不紊地顺利进行。

2）制定有关安全生产规章制度和安全操作规程，使作业人员掌握本岗位的安全操作技能（图 7-43）。

图 7-43　安全制度、安全教育管理示意图 1

3）预制构件安装前应对全体人员进行详细的安全交底，参加安装的人员要明确分工，利用班前会、小结会，并结合现场具体情况提出保证安全施工的要求（图 7-44）。

图 7-44　安全制度、安全教育管理示意图 2

4）用于装配式建筑的机械设备、施工机具及配件，必须具有生产（制造）许可证，产品合格证；并在现场使用前进行查验和检测，合格后方可投入使用。

5）机械设备、施工机具及配件必须由专人管理，定期进行检查、维修和保养，建立相应的资料档案。

10. 文明施工

施工现场文明施工要求整个场地应保持整洁、卫生，施工组织科学，施工程序合理，做到有整套的施工组织设计（或施工方案），有严格的成品保护措施和制度，大小临时设施和各种材料、构件、半成品按平面布置堆放整齐，施工场地平整，道路畅通，排水设施得当，水电线路整齐，机具设备状况良好，使用合理，施工作业符合消防和安全要求。如图 7-45 所示。

洗车池　消防器材　临时厕所

人车分流　道路硬化　裸土覆盖

图 7-45　文明施工示意图

实训

装配式建筑工匠培训的一个重要环节是实训，把学到的理论知识通过在实训中实际操作，从而巩固知识并从实训中得到经验的积累，为今后的工程应用打下良好基础。实训分为两部分：一是认知实训，通过认知了解装配式建筑的基本概念、基本原理和基本专业技术；二是实操实训，通过实际操作，从实训中掌握装配式建筑施工工法和施工具体流程，从而在具体工程项目施工中得到应用。实训分为装配式建筑的钢筋混凝土结构体系和钢结构体系，在各体系的具体施工环节中进行相关的实训。

8.1 装配式建筑认知实训

8.1.1 装配式建筑混凝土构件生产线认知实训

本实训通过一条完整的装配式建筑钢筋混凝土生产线，了解生产线的构成及构件生产流程。生产线如图 8-1～图 8-4 所示。

图 8-1　构件生产线图 1

图 8-2　构件生产线图 2

图 8-3　构件生产线图 3

图 8-4　构件生产线图 4

1. 生产线设备认知

装配式建筑 PC（钢筋混凝土）构件生产线的主要设备有：传动（循环与摆渡）设备、生产模台、构件模板及模板固定、自动布料机、混凝土自动振捣、构件养护、构件翻模等。

2. 构件生产流程认知

装配式建筑 PC（钢筋混凝土）构件生产线的生产流程如图 8-5 所示。

按图纸画线 → 支模及固定模 → 绑扎钢筋 → 安装预埋件 → 混凝土浇筑 → 混凝土振捣 → 混凝土养护 → 构件翻模

图 8-5　钢筋混凝土构件生产线的生产流程

生产线认知实训如图 8-6～图 8-9 所示。

图 8-6　生产线认知实训图 1

图 8-7　生产线认知实训图 2

8.1.2　装配式建筑混凝土结构工法楼认知实训

装配式建筑混凝土结构工法楼认知是通过生产线生产的构件按实际工程组装的实体建筑，认知装配式建筑的具体建筑形式、具体构件连接方式和组装形式。装配式建筑混凝土结构工法楼如图 8-10 所示。

图 8-8　生产线认知实训图 3

图 8-9　生产线认知实训图 4

图 8-10　装配式混凝土结构工法楼

装配式建筑混凝土结构工法楼认知实训要求：

（1）了解装配式建筑混凝土结构工法楼的外观形式；

（2）了解装配式建筑混凝土结构工法楼的柱、梁连接方式；

（3）了解装配式建筑混凝土结构工法楼的楼板安装方式；

（4）了解装配式建筑混凝土结构工法楼的楼梯安装和连接方式；

（5）了解装配式建筑混凝土结构工法楼的门、窗安装和连接方式；

（6）了解装配式建筑混凝土结构工法楼的室内装饰形式；

（7）了解装配式建筑混凝土结构工法楼的水、电安装和连接方式。

装配式建筑混凝土结构工法楼认知实训如图 8-11、图 8-12 所示。

图 8-11　装配式工法楼认知实训图 1

图 8-12　装配式工法楼认知实训图 2

8.1.3 装配式建筑钢结构工法楼认知实训

装配式钢结构工法楼的认知实训通过一层钢结构建筑，了解钢结构建筑的外观及围护系统的构成、构件连接形式等知识。装配式钢结构工法楼如图 8-13 所示。

图 8-13 装配式钢结构工法楼图

装配式建筑钢结构工法楼认知实训要求：

(1) 了解装配式建筑钢结构工法楼的构架形式；

(2) 了解装配式建筑钢结构工法楼的节点连接方式（焊接、螺栓连接）；

(3) 了解装配式建筑钢结构工法楼柱构件与基础连接方式；

(4) 了解装配式建筑钢结构工法楼的围护系统；

(5) 了解装配式建筑钢结构工法楼的楼板方式（钢楼板、钢筋混凝土楼板）。

(6) 了解装配式建筑钢结构工法楼的钢构件防腐蚀方法。

8.2 装配式建筑混凝土构件生产实训

装配式建筑混凝土构件生产按生产流程进行，在实训教师的指导下，按流程进行实际操作实训。通过实训了解装配式建筑混凝土构件生产的全过程，掌握相关构件生产的各个环节。通过实际操作掌握生产工种的职业技能。

8.2.1 生产模台构件划线实训（实操）

在实训指导教师的指导下，按生产图纸的要求进行操作：

(1) 熟悉构件深化图纸，了解构件的类型、几何尺寸；

(2) 在指定模台上，按图纸要求定出一个基准点（以墙板构件为例）；

(3) 通过基准点利用钢尺画出构件的几何尺寸。

8.2.2 生产模台构件支模实训（实操）

经过模台画线，在实训教师的指导下，进行构件支模实际操作实训：

（1）根据构件的类型，选择适当的模板；

（2）在模台上以画线基准点为基准，按画线支护模板，用模板固定器固定模板；

（3）检查模板的几何尺寸，若有偏差，用固定器撤销专用工具撤销固定器，修正偏差后再固定模板；

（4）再次检查模板的计划尺寸，无误后在模板上（模板围护内圈）和模板内侧涂脱模剂。

8.2.3 生产模台构件钢筋绑扎实训（实操）

在支模的基础上，在实训教师的指导下，进行构件钢筋绑扎实际操作实训：

（1）熟悉构件深化图纸，了解构件所需钢筋的类型、直径、长度尺寸；

（2）钢筋下料，用钢筋切割机对钢筋下料，注意钢筋的长度尺寸，按图纸要求预留节点连接钢筋长度，按图纸要求预留层间连接定位钢筋长度；

（3）绑扎模台底层钢筋；

（4）模台底层钢筋绑扎后，按图纸要求预埋水、电或其他 PVC 管（如果需要），预埋构件层间连接（定位）钢筋 PVC 管；

（5）加设构件上部钢筋定位混凝土垫块；

（6）绑扎模台上层钢筋，预埋吊装起吊钢筋。

需要说明的是，对于墙板、叠合板构件，钢筋绑扎一般在自动模台上进行，对于柱、梁、楼梯构件可以在固定模台上进行。

8.2.4 生产模台构件混凝土浇筑实训（实操）

构件钢筋绑扎后，在实训教师的指导下，进行构件混凝土浇筑实际操作实训：

（1）启动生产线模台传动设备，将钢筋绑扎好的构件模台移动到自动布料机的下面；

（2）启动自动布料机进行混凝土浇筑；

（3）自动布料机传感器扫描混凝土浇满后自动停机。

8.2.5 生产模台构件混凝土振捣实训（实操）

构件混凝土浇筑完成后，在实训教师的指导下，进行构件混凝土浇筑实际操作实训：

（1）启动生产线模台传动设备，将混凝土浇筑后的构件模台移动到自动振捣机的上面；

（2）启动生产线自动振捣机设备进行混凝土振捣；

（3）振捣时间结束，自动振捣机设备停机，完成构件混凝土振捣。

8.2.6 生产模台构件混凝土养护实训（实操）

构件混凝土振捣完成后，在实训教师的指导下，进行构件混凝土养护实际操作实训：

（1）启动生产线模台传动设备，将混凝土振捣后的构件模台移动到养护区；

（2）启动吊车将单模养护箱安装在模台上；

（3）将养护箱周边的密封扣扣在模台上固定，使养护箱处于密封状态；

（4）连接高压蒸汽设备的管道，将高压蒸汽送入养护箱；

(5) 8h 后完成养护；

(6) 关闭高压蒸汽，等模台冷却后，松开密封扣，吊离单模养护箱；

(7) 启动生产线模台传动设备，将养护后的构件模台移动到构件存放区；

(8) 启动模台翻模设备，将养护后构件吊离模台，堆放在构件存放区。

需要说明的是，高压蒸汽操作是特殊工种，没有取得上岗证的人员不能进行操作，本操作一般由实训教师演示操作，一般培训者禁止操作。

装配式建筑混凝土构件生产实训如图 8-14～图 8-20 所示。

图 8-14 混凝土浇筑操作实训图 1

图 8-15 混凝土浇筑操作实训图 2

图 8-16 混凝土构件支模实训图

图 8-17 叠合板钢筋绑扎实训图

图 8-18　剪力墙板钢筋绑扎实训图

图 8-19　梁构件钢筋绑扎实训图

图 8-20　构件生产线总控操作实训图

8.3　装配式建筑混凝土构件装配施工节点构造认知实训

装配式建筑混凝土结构施工节点及构造是施工中一个重要的环节。对装配式建筑节点构造的认知实训非常重要，节点构造施工技术是施工质量的有效保障。通过对装配式建筑混凝土结构施工节点及构造认知实训，可以了解节点施工技术的施工要点，掌握施工的主要流程，为今后实际工程的施工打下良好的技术基础。装配式建筑混凝土结构施工节点及构造如图 8-21～图 8-24 所示。

图 8-21　混凝土结构节点构造图 1

图 8-22　混凝土结构节点构造图 2

图 8-23　混凝土结构节点构造图 3

图 8-24　混凝土结构节点构造图 4

8.3.1　框架结构柱，梁节点构造认知实训

在实训教师的指导下，进行框架结构柱，梁节点构造认知实训：

（1）了解装配式建筑混凝土结构柱下端定位钢筋孔（连接钢筋用）和柱上端预留定位（连接）钢筋的形式和位置；

（2）了解底层柱下端定位钢筋孔（连接钢筋用）与基础的连接方式；

（3）了解柱上端定位钢筋孔（连接钢筋用）与上层柱的连接方式；

（4）了解柱下端灌浆孔的大小，位置；

（5）了解柱上端与梁构件（框架梁，叠合梁）的连接方式；

（6）了解梁构件之间（框架梁、叠合梁）的连接方式，特别是梁端钢筋连接方式（套筒灌浆）；

（7）了解叠合梁与叠合板的连接方式。

8.3.2　剪力墙结构多种连接节点构造认知实训

在实训教师的指导下，进行剪力墙结构节点构造认知实训：

（1）了解剪力墙构件上端连接（定位）钢筋的分布形式；

（2）了解剪力墙构件下端连接（定位）钢筋孔的分布形式；

（3）了解剪力墙构件下端连接（定位）钢筋灌浆孔的分布形式；

（4）了解剪力墙构件之间的 L 形、T 形、十字形和直线形节点的构造方式；

（5）了解剪力墙构件之间的 L 形、T 形、十字形和直线形节点的钢筋连接方式；

（6）了解剪力墙构件安装时斜支撑的固定与调节方式。

8.3.3 剪力墙结构多种连接节点钢筋绑扎实训（实操）

在实训教师的指导下，进行剪力墙结构节点钢筋绑扎实操实训：

（1）根据装配式建筑节点工法建筑的节点形式，检测纵向钢筋的类型、直径；

（2）根据装配式建筑节点工法建筑的节点形式，检测节点箍筋的类型、直径；

（3）根据钢筋（纵向）检测结果，选择钢筋并进行钢筋下料；

（4）节点纵向钢筋连接（为实现方便，采用搭接方式）绑扎；

（5）根据钢筋（箍筋）检测结果，选择钢筋并进行钢筋下料和制作箍筋；

（6）进行节点箍筋绑扎；

（7）检查节点整体钢筋（纵筋与箍筋）绑扎效果。

8.3.4 剪力墙结构多种连接节点钢筋支模实训（实操）

装配式建筑剪力墙结构节点钢筋绑扎以后，在实训教师的指导下，进行剪力墙结构节点支模实操实训：

（1）根据装配式建筑剪力墙结构节点形式，选择适当的模板（装配式建筑竖向定制铝模板）；

（2）选用适当长度的模板连接支架固定模板；

（3）在模板内侧粘贴密封胶带；

（4）检查整个节点是否密封完好，为混凝土浇筑做好准备。

装配式建筑钢筋混凝土结构施工节点构造认知实训如图 8-25～图 8-28 所示。

图 8-25 装配式混凝土结构节点认知实训图 1

图 8-26 装配式混凝土结构节点认知实训图 2

图 8-27 装配式混凝土结构节点认知实训图 3

图 8-28 装配式混凝土结构节点认知实训图 4

8.4 装配式建筑混凝土结构施工工法实训

为培训人员能具体实际操作，采用 1：4 的构件模型进行真实的模拟施工。装配式建筑混凝土结构施工按施工流程进行，其流程如图 8-29～图 8-32 所示。

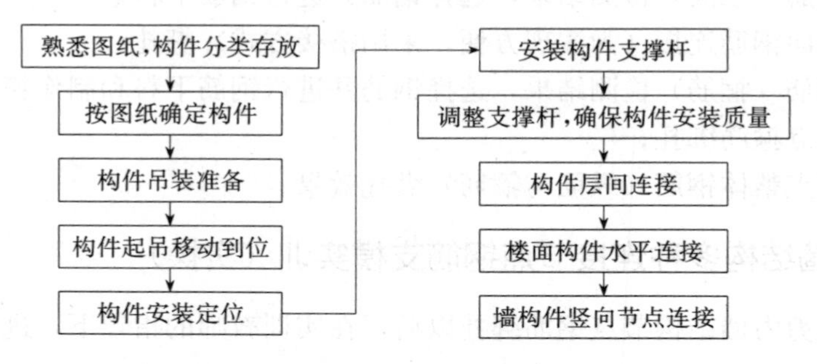

图 8-29 装配式建筑混凝土结构施工总流程图

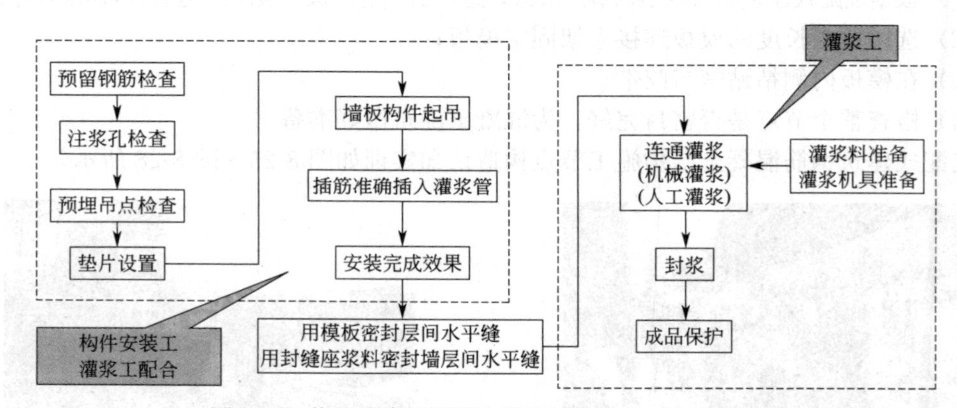

图 8-30 装配式建筑混凝土结构层间连接工法流程图

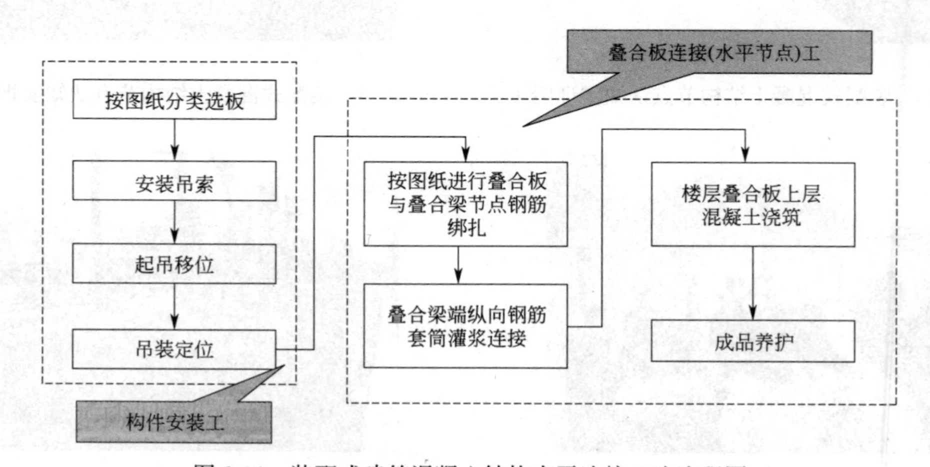

图 8-31 装配式建筑混凝土结构水平连接工法流程图

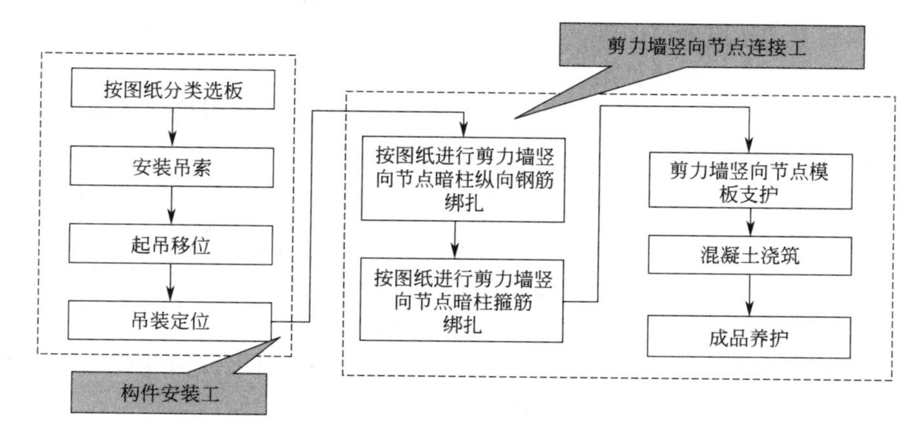

图 8-32 装配式建筑剪力墙结构竖向节点连接工法流程图

本实训有 1∶4 两跨两层装配式混凝土结构模型一套，配套纵向钢筋、节点连接箍筋、连接模板、模板固定支架若干、构件斜支撑、垂直支撑若干、钢筋绑扎扎丝若干、手工工具两套。1∶4 两跨两层装配式混凝土结构模型如图 8-33～图 8-36 所示。

图 8-33 装配式建筑模型图 1

图 8-34 装配式建筑模型图 2

图 8-35 装配式建筑模型图 3

图 8-36 装配式建筑模型图 4

8.4.1 混凝土结构构件吊装工法实训（实操，1∶4 模型）

在实训教师的指导下，利用 1∶4 建筑模型，进行构件吊装工法的实际操作实训：

（1）根据装配式建筑施工图纸，选择确定的柱构件，将柱构件移动到图纸要求的指定位置（注意：实际施工时柱构件吊装采用的是单点起吊）；

（2）根据装配式建筑施工图纸，选择确定的墙板构件，将墙板构件移动到图纸要求的指定位置（注意：实际施工时墙板构件吊装采用的是双点起吊）；

（3）根据装配式建筑施工图纸，选择确定的叠合楼板构件，将叠合楼板构件移动到图纸要求的指定位置（注意：实际施工时叠合楼板构件吊装采用的是四点起吊）；

（4）根据装配式建筑施工图纸，选择确定的楼梯构件，将楼梯构件移动到图纸要求的指定位置（注意：实际施工时楼梯构件吊装采用的是四点起吊）；

（5）根据装配式建筑施工图纸，选择确定的阳台构件，将阳台构件移动到图纸要求的指定位置（注意：实际施工时阳台构件吊装采用的是四点起吊）。

8.4.2 混凝土结构构件安装工法实训（实操，1∶4模型）

在实训教师的指导下，根据吊装到位的构件，进行构件安装工法的实际操作实训：

1. 安装柱构件

（1）在柱构件安装区，清理底层定位钢筋，清除异物；

（2）在柱构件安装区，将柱构件底部灌浆孔与底层定位钢筋准确连接到位；

（3）安装斜支撑杆，保证柱构件与底层的垂直度；

（4）调整斜支撑杆，使柱构件与底层的垂直度达到施工要求，安装完成。

2. 安装墙板构件

（1）在墙板构件安装区，清理底层定位钢筋，清除异物；

（2）在墙板构件安装区，将墙板构件底部灌浆孔与底层定位钢筋准确连接到位；

（3）安装斜支撑杆，保证墙板构件与底层的垂直度；

（4）调整斜支撑杆，使墙板构件与底层的垂直度达到施工要求，安装完成。

3. 安装楼面叠合板构件

（1）在墙板构件安装区，加临时钢支架（与叠合板垂直方向）；

（2）吊装叠合板到叠合梁（或剪力墙）处，使叠合板两端连接钢筋与叠合梁（或剪力墙）连接；

（3）在叠合板板底加设垂直支撑杆，保证叠合板的稳定。

4. 安装叠合梁（框架梁）构件

（1）在叠合梁（框架梁）构件安装区，加临时钢支架（与之垂直方向）；

（2）吊装叠合梁到其他叠合梁（或剪力墙，柱）处，使叠合梁两端连接钢筋与其他叠合梁（或剪力墙、柱）连接；

（3）在叠合梁底部加设垂直支撑杆，保证叠合梁的稳定。

5. 安装楼梯构件

（1）在楼梯构件安装区，清理楼梯连接处（上，下）定位螺栓孔，清除异物；

（2）吊装楼梯构件到安装区，调整构件使楼梯构件两端的定位孔和安装位置定位孔一致；

（3）用螺栓将楼梯构件上下两端定位孔定位连接，固定。

6. 安装阳台构件

（1）在阳台构件安装区，加临时钢支架（与之垂直方向）；

（2）吊装阳台构件到安装区位置与梁或墙的水平安装定位孔对齐；

（3）将阳台底部安装螺杆插入安装孔使阳台构件与安装构件连接；

（4）用专用螺母套在螺杆上拧紧螺母；

（5）在阳台构件底部加垂直支撑，为灌浆做准备。

8.4.3 混凝土结构构件支撑安装工法实训（实操，1∶4模型）

在实训教师的指导下，进行装配式建筑构件支撑件的实际操作实训：

1. 构件斜支撑件的安装

（1）构件（墙板，柱）安装定位后，选取适当长度的斜支撑杆件；

（2）支撑的上端与构件连接安装，支撑的下端与构件连接的底层板连接安装，斜支撑杆与楼面的角度一般为30°～50°；

（3）调整斜支撑杆中部调节长度的螺栓（微调构件与底板的角度），使构件与底层板垂直。

（4）固定调节长度的螺栓，斜支撑杆安装完成。

2. 垂直支撑件的安装

（1）叠合板（梁，叠合梁）构件安装定位后，选取适当长度的斜支撑杆件；

（2）支撑的上端与构件连接安装，支撑的下端与构件连接的底层板连接安装，垂直支撑杆与楼面的角度为80°；

（3）调整垂直支撑杆中部调节长度的螺栓（微调杆的长度），使支撑件底部与底层板紧密结合无松动；

（4）固定调节长度的螺栓，垂直支撑杆安装完成。

8.4.4 混凝土结构竖向节点钢筋绑扎工法实训（实操，1∶4模型）

在实训教师的指导下，进行装配式建筑混凝土结构竖向节点钢筋绑扎实际操作实训：

1. 竖向钢筋绑扎

（1）确定竖向节点的类型（直线形、T形、L形、十字形）；

（2）根据施工节点大样图，确定钢筋的类型和直径；

（3）根据图纸要求对钢筋下料（使用钢筋切割机）；

（4）进行钢筋绑扎（搭接或焊接）。

2. 箍筋绑扎

（1）确定竖向节点的类型（直线形、T形、L形、十字形）；

（2）根据施工节点大样图，确定钢筋的类型和直径；

（3）根据施工节点大样图，制作箍筋；

（4）根据图纸要求，按箍筋间距绑扎箍筋。

8.4.5 混凝土结构竖向节点模板支护工法实训（实操，1∶4模型）

在实训教师的指导下，进行装配式建筑混凝土结构竖向节点模板支护实际操作实训：

（1）根据装配式建筑结构竖向节点形式，选择适当的模板（装配式建筑竖向定制铝模板）；

（2）选用适当长度的模板连接支架固定模板；

（3）在模板内侧粘贴密封胶带；

（4）检查整个节点是否密封完好，为混凝土浇筑做好准备。

8.4.6 混凝土结构柱构件层间灌浆工法实训（实操，1∶1模型）

在实训教师的指导下，进行装配式建筑混凝土结构构件（框架柱、剪力墙）层间连接（灌浆）实际操作实训：

（1）根据图纸准备灌浆料（实训时采用彩色水）；

（2）用水管连接手动灌浆枪和灌浆料储备筒；

（3）从构件底部第一排注浆孔开始灌浆；

（4）当其他灌浆孔有浆溢出时，用专用橡胶塞封堵灌浆孔；

（5）当所有灌浆孔都用橡胶塞封堵后，封浆完成，灌浆作业完成。

与本节内容相关的实训图片如图8-37～图8-46所示。

图8-37 装配式建筑模拟施工工法实训图1

图8-38 装配式建筑模拟施工工法实训图2

图8-39 装配式建筑模拟施工工法实训图3

图8-40 装配式建筑模拟施工工法实训图4

图 8-41 装配式建筑模拟施工工法实训图 5

图 8-42 装配式建筑模拟施工工法实训图 6

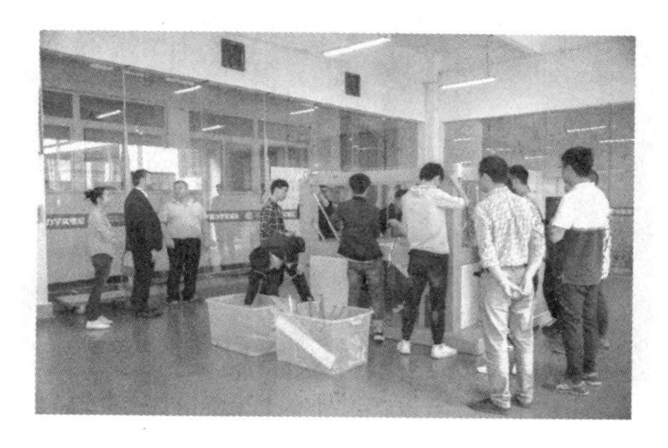

图 8-43 装配式建筑模拟施工工法实训图 7

图 8-44 装配式建筑模拟施工工法实训图 8

图 8-45 装配式建筑模拟施工工法实训图 9

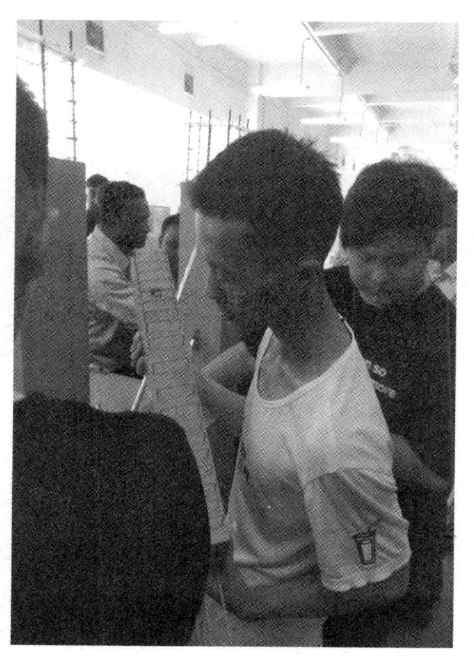

图 8-46 装配式建筑模拟施工工法实训图 10

8.5 装配式建筑钢结构施工工法实训

装配式建筑轻钢结构施工工法实训，在装配式建筑轻钢结构施工实训室进行，实训室建有一栋两层轻钢结构实体建筑，提供装配式建筑轻钢结构认知实训，备有一套轻钢结构楼房的实体材料，包括轻钢结构型材、墙体材料、屋面材料及相关装饰材料。准备有15套电动螺栓枪，自攻螺钉数箱。为培训者提供轻钢结构装配式建筑施工实际操作实训。装配式建筑轻钢结构施工实训室如图8-47～图8-50所示。

图8-47　轻钢结构施工实训室图1

图8-48　轻钢结构施工实训室图2

图8-49　轻钢结构施工实训室图3

图8-50　轻钢结构施工实训室图4

8.5.1 轻钢结构屋架骨架组装工法实训（实操）

在实训教师的指导下，进行装配式建筑轻钢结构屋架骨架组装实际操作实训：

（1）根据装配式建筑轻钢结构屋架的施工图纸，选取满足尺寸要求的轻钢型材；

（2）根据图纸要求，在轻钢型材对应位置上画连接点标记；

（3）根据连接点位置用电动螺栓枪用自攻螺钉将构件进行螺栓连接；

（4）根据图纸循环操作，直到整榀屋架组装完成。

8.5.2 轻钢结构墙体骨架组装工法实训（实操）

在实训教师的指导下，进行装配式建筑轻钢结构墙体骨架组装实际操作实训：

（1）根据装配式建筑轻钢结构墙体的施工图纸，选取满足尺寸要求的轻钢型材；

（2）根据图纸要求，在轻钢型材对应位置上画连接点标记；

（3）根据连接点位置用电动螺栓枪用自攻螺钉将构件进行螺栓连接；

（4）若墙上有门或窗，须先将门或窗的骨架组装好，再和墙体骨架连接；

（5）根据图纸循环操作，直到整片墙体骨架组装完成。

8.5.3 轻钢结构楼面骨架组装工法实训（实操）

在实训教师的指导下，进行装配式建筑轻钢结构楼面骨架组装实际操作实训：

（1）根据装配式建筑轻钢结构楼面的施工图纸，选取满足尺寸要求的轻钢型材；

（2）在完成整片墙体骨架的基础上，将整体墙体进行组装，形成四面墙或多面墙的封闭体系；根据楼面施工图纸，找出楼面骨架的主骨架（主横梁或主纵梁）与两端墙体进行螺栓连接；

（3）主梁组装完成，根据图纸进行次梁骨架组装；

（4）一个房间的楼面骨架完成后再进行下一个房间的楼面骨架组装，直到整个楼面骨架组装完成。

8.5.4 轻钢结构楼梯骨架组装工法实训（实操）

在实训教师的指导下，进行装配式建筑轻钢结构楼梯骨架组装实际操作实训：

（1）根据装配式建筑轻钢结构楼梯的施工图纸，选取满足尺寸要求的轻钢型材；

（2）根据图纸要求，进行楼梯梯梁骨架组装，要求楼梯宽度尺寸和长度尺寸要准确；

（3）根据图纸要求，进行楼梯踏步骨架组装，踏步宽和踏步高组装时满足设计要求；

（4）对楼梯骨架进行整体尺寸复核，特别是楼梯宽度和长度尺寸，满足楼梯部件组装要求。

8.5.5 轻钢结构门，窗组装工法实训（实操）

在实训教师的指导下，进行装配式建筑轻钢结构门、窗骨架组装实际操作实训：

（1）根据装配式建筑轻钢结构门、窗的施工图纸，选取满足尺寸要求的轻钢型材；

（2）根据图纸要求，对门、窗骨架进行组装，用电动螺栓枪和自攻螺钉将构件进行螺栓连接；

（3）根据图纸设计要求，把门、窗骨架放在墙体骨架门、窗对应的位置上；

（4）将门、窗骨架（部件）与墙体骨架进行螺栓连接，形成一个完整的墙体骨架（带门、窗）部件。

8.5.6 轻钢结构整体骨架组装工法实训（实操）

在实训教师的指导下，进行装配式建筑轻钢结构整体骨架组装实际操作实训，从基础（钢筋混凝土基础、型钢基础）开始进行：

（1）根据图纸总设计要求，按建筑轴线进行墙体部件骨架组装；先将每榀墙体部件底部与基础连接，再将各墙体部件的墙端进行连接（墙与墙）；

（2）在整个墙体部件组装完成后形成墙体系，进行楼面骨架组装，如同第 8.5.3 节施工工法；

（3）在楼梯间将楼梯部件进行安装，完成一层建筑骨架的整体组装；

（4）第二层施工工法同一层，直到顶层安装完成；

（5）根据图纸要求，将屋面骨架部件吊装在指定位置，与墙体进行连接，直到所有屋面骨架部件安装完成；

（6）根据图纸设计要求，选择规定的轻钢型材将整个屋面骨架部件进行横向连接，形成屋面的整体骨架。

小结：装配式建筑轻钢结构整体轻钢骨架组装流程如图 8-51 所示。

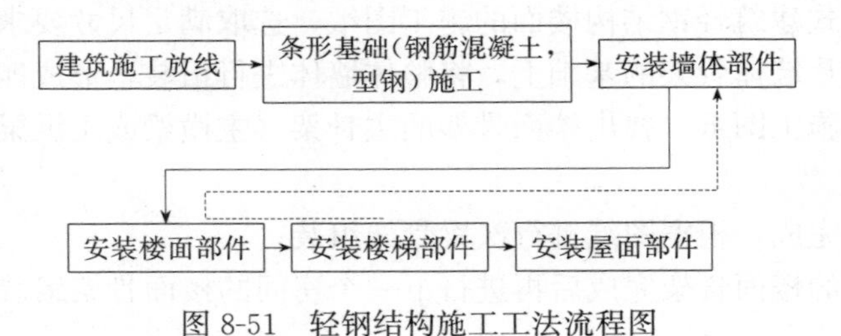

图 8-51 轻钢结构施工工法流程图

8.5.7 轻钢结构屋面大样（7 层）组装工法实训（实操）

在实训教师的指导下，进行装配式建筑轻钢结构屋面大样组装实际操作实训：

（1）根据图纸要求，用隔热棉填充屋面骨架内衬（U 型轻钢内则）；

（2）根据图纸要求，屋面骨架下部安装基层板（第 2 层）；

（3）基层板下安装顶棚板（第 3 层）；

（4）屋面骨架上部安装基层板（第 4 层）；

（5）基层板上安装结构板（第 5 层）；

（6）结构板上安装防水板（第 6 层），外涂防水树脂涂料；

（7）安装屋面瓦（第 7 层），外涂防水树脂涂料。

8.5.8 轻钢结构墙体大样（7 层）组装工法实训（实操）

在实训教师的指导下，进行装配式建筑轻钢结构墙体大样组装实际操作实训：

（1）根据图纸要求，用隔热棉填充墙体骨架内衬（轻钢 U 型钢内则）；

（2）根据图纸要求，墙体骨架内则安装基层板（第 2 层）；

（3）基层板上安装防潮板（第 3 层）；

（4）防潮板上安装内装饰板（第 4 层）；

（5）墙体骨架外则安装基层板（第 5 层）；

（6）基层板上安装结构板（第 6 层）；

（7）结构板上安装防潮板（第 7 层），外涂防水树脂涂料；

（8）安装墙面装饰板（第 8 层）。

8.5.9 轻钢结构楼面大样组装工法实训（实操）

在实训教师的指导下，进行装配式建筑轻钢结构楼面大样组装实际操作实训：

（1）根据图纸要求，用隔热棉填充楼面骨架内衬（轻钢U型钢内则）；

（2）根据图纸要求，楼面骨架上部安装结构板（第2层）；

（3）结构板上安装基层版（第3层），外涂防水树脂涂料；

（4）基层板上安装地砖（第4层）；

（5）屋面骨架下部安装基层板（第5层）；

（6）基层板下安装防潮板（第6层），外涂防水树脂涂料；

（7）防潮板下安装天棚装饰板（第7层）。

装配式建筑轻钢结构施工工法实训如图8-52～图8-59所示。

图8-52　按图选材实训图

图8-53　轻钢结构拼装实训图

图8-54　轻钢结构连接实训图

图8-55　轻钢结构加强实训图

图 8-56　轻钢结构骨架组装实训图

图 8-57　轻钢结构屋架组装实训图

图 8-58　轻钢结构检测实训图

图 8-59　轻钢结构板材安装实训图

职业人文素养

职业人文素养，顾名思义就是指人们对自己从事的职业所具有的稳定的态度和体验。职业人文素养的产生是基于职业本身满足了从业者的某种需要，职业是媒介，人的需求是动机，其发展可分为三个层次。

第一层次是职业认同感。一个人无论从事什么职业，首先能在社会上立足，能得到基本的生活保障，这是最基本的需要。一种职业只有提供了最基本的工资待遇、生活福利等生存保障资源，才能被人们所接受，人们才会从情感上去认同它、接纳它。

第二层次是职业荣誉感。人是社会关系的总和，人通过从事职业与社会发生关系，并通过社会对其从事职业的价值认定，来感受个体的生存价值。一种职业只有被社会大众所称道，并形成良好的职业舆论与环境氛围，作为从事这种职业的个体才会感到无比的荣耀，才会从情感上产生对这种职业的归属感和荣誉感。这是个人满足了生存需要后的更高层次的社会性需要。

第三层次是职业敬业感。人的生命价值，根本而言就在于他职业生涯方面的贡献和成功。如果仅把职业作为谋生的手段，人们可能就不会去重视它、热爱它，而当把它视作深化、拓宽自身阅历的途径，把它当作自己生命的载体时，职业就是生命，生命由于职业变得有力和崇高。这是最高层次上的职业人文素养，只有处于这种情感支配下的个体，才能时刻保持昂扬的精神状态，才能最大限度地发挥个体潜能，使自己的职业生涯更加完善。

本章围绕职业人文素养的发展层次，以建筑工匠应具备的职业人文素养为导向，重点以装配式建筑行业所涉及的职业道德和工匠精神为主要内容加以阐述。

9.1 职业道德

9.1.1 职业道德的概念

职业道德，是指同人们的职业活动紧密联系的，体现职业特征的道德活动现象、道德意识现象和道德规范现象，是社会道德在职业活动中的具体体现，是在职业活动中处理和协调人与人、个人与社会、人与自然的关系的道德准则，其含义包含三个部分，即职业道德活动、职业道德意识和职业道德规范。

职业道德规范是职业道德的核心组成部分，也是社会道德规范的重要组成内容。它是从业人员职业道德行为和职业道德关系的普遍规律的反映，是一定社会或阶段以及一定职业对从业人员的行为和关系的基本要求的概括。它是从业人员在职业道德活动中应该普遍遵循的行为善恶准则或标准。作为建筑行业从业人员，应在日常职业活动中认真遵循《建筑业从业人员职业道德规范》，保持高昂的劳动热情，提高劳动生产率。

9.1.2 职业道德的基本要求

作为建筑行业从业人员，在职业活动中应积极探索绿色先进的工作方法，为整个社会创造良好的生产和生活环境。

作为建筑行业从业人员，在职业活动中应忠实履行岗位职责，明确岗位要求并在工作中认真执行，即使与个人利益发生矛盾时，也应首先保证完成工作任务。

作为建筑行业从业人员，在职业活动中应遵守劳动纪律和与职业活动相关的法律、法规，认真贯彻“安全第一、预防为主”的方针，以及遵守各级安全规程、制度等。

9.2 工匠精神

9.2.1 工匠精神的概念

工匠精神，即是一种职业精神。它是职业道德、职业能力、职业品质的体现，是从业者的一种职业价值取向和行为表现，其核心精神就是追求卓越的创造精神、精益求精的品质精神、用户至上的服务精神。

9.2.2 工匠精神的内涵

工匠精神的基本内涵包括敬业、精益、专注、创新等方面的内容（图 9-1）。敬业是从业者基于对职业的敬畏和热爱而产生的一种全身心投入的认认真真、尽职尽责的职业精神状态；精益就是精益求精，是从业者对每件产品、每道工序都凝神聚力、精益求精、追求极致的职业品质；专注就是内心笃定而着眼于细节的耐心、执着、坚持的精神，这是一切“大国工匠”所必须具备的精神特质；创新就是追求突破、追求革新的创新内蕴，古往

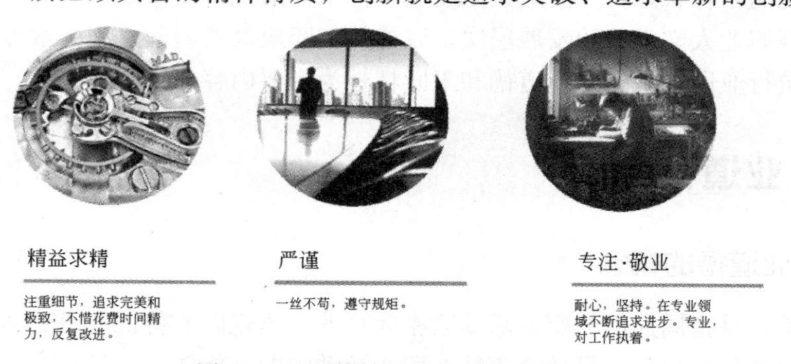

图 9-1 工匠精神的基本内涵示意图

今来，热衷于创新和发明的工匠们一直是世界科技进步的重要推动力量。

1. 工匠之魂

工作不仅仅是一种换回物质利益的行为，更应该是一种生命态度和价值的呈现过程。所以，成为一个有魅力的工匠，要从改变价值观开始。如果把工作当作一种修行，你会发现，原来工作是生命的享受。大爱无我，终成大我；利他之心，终成大器！

工匠和打工者最根本的区别在于：工匠平静、安适、充实、愉悦、幸福，活在当下，强在内心；打工者焦躁、忧郁、惶恐，获得再多的财富也没有安全感，永远为看不清的明天奔忙，外表强悍内心空虚。事实证明，与其四处借鉴，不如回去好好做自己的工作。只要努力工作，且注意总结和反思，定然会获得成功。

2. 工匠之道

（1）先做人，后做事。

一个人如果做事先做人，做人先立德，掌握了做人的原则和做事的艺术，善于把“会做人”和“能做事”有机地统一起来，就能够成就人生，发展事业。

（2）先专注，后专业。

简单的事情重复做，你就是专家；重复的事情用心做，你就是赢家。如果想成为一个散发魅力的工匠，就要放下抱怨的心情，聚精会神，全力以赴做好当下的事情，时刻保持对工作的兴趣，同时在工作中学会自我激励。

（3）先增值，后回报。

在工作中不要认为“给多少工资干多少活”是正确的。我们要明白一个道理：价格是别人给的，但价值是自己创造的。在自己的工作中要尽量创造发挥才干、挖掘潜能的机会，才能有迅速成长、持续加薪的希望。同时，在工作中要学会把领导当老师，把岗位当舞台，把任务当作品，尽心尽力、尽职尽责，发挥自己最大的能量实现自我增值（图 9-2）。

图 9-2　工作增值的三个方面示意图

（4）先沉淀，后成长。

成才有天赋的因素，但更重要的在于自身。放弃学习和追求，就等于放弃了自己，最后是放弃了宝贵的人生。要想在工作中有所成长，首先要有自信的心态，其次要有重视的心态，最重要的就是重视自己，最后是求知的心态。

（5）先有为，后有位

有为就是有所建树、有所作为，就是一个人通过自己的努力，发挥才能，实现自我价值，从而有所作为。它包含着能力、才干、责任、品德、修养等多方面的内容。有位则是指一个人在社会中所拥有的地位，这里的“位”通常指职位、岗位、地位等。在工作中不要总想着自己拥有了什么，更重要的是要多想想自己创造了什么，想实现从有为到有位，必须保持一颗平常心，每天都从零开始地积累与收获。

3. 工匠之术

优秀的工匠必然是调度能手、管理专家，总是能不紧不慢地安排自己的工作和生活，有条不紊地在正确的时间用正确的方法做正确的事情。要实现这个目标，就要有合理的工作方法。

（1）明确目标，把目标当作信仰。目标必须跟梦想相契合，也就是说目标必须远大且可以分解。

（2）对准靶心，培养重点思维。坚持“要事第一”的原则且分清要事的重要性。

（3）第一次把事情做对。第一次把正确的事情做正确，包含了三个层次：正确的事、正确地做事和第一次做正确，三个因素缺一不可。

（4）问题就是人生，价值在于解决。首先要意识到问题的存在，其次要有确定与定义问题的能力，最后要寻找解决的方案并执行。

（5）慢慢来，比较快。在工作中懂得慢的人经常不会因为急于求成而犯错，同时有助于帮助自己修炼定力，提高心理抗压能力。

4. 工匠之器

人的潜力远远超出人类对潜能的一切联想。永远追求更完美是每个工匠都具备的品质，这就需要不断开发自己的能量，挖掘潜能。同时，也要懂得借助其他方面的能量，不同的专业知识、他人的信息以及社会的其他正能量，都是工匠能力持续成长的源头活水。

（1）带着爱去处理人际关系。在工作中要学会处理好与上司、与同事、与下属、与客户之间的相处关系。

（2）有效沟通，与他人一起修行。有效沟通的四个步骤，即聆听是沟通的前提；区分是对聆听内容的判断与思考；确认是沟通的灵魂；对话是彼此沟通内容的再次确认与对事情各自观点的表达。

（3）保持初学者的心态。保持初学者的心态有助于维持对工作的热情、激发智能和潜力；有助于减少因重复工作带来的懈怠和疲倦；有助于跟身边人有效沟通；有助于自己日益精进。

（4）用智慧驾驭你的情绪。学会转移负面情绪和幽默思维，时刻激励自己保持正面情绪。

5. 工匠之行

每个百年老店的传奇背后，都有几代人的不懈努力；每个世界品牌的创建过程中，都包含无数工匠的辛勤汗水。这是小到一个人、大到一个国家不断发展和前进的根本动力。

（1）投入感情，爱上自己的岗位。在任何岗位都不要将注意力放在钱上，要学会在工作中找到闪光点，让岗位职责融入自己的生活习惯。

（2）做一个时间的吝啬鬼。时间就像金钱，需要规划和打理。一要懂得利用点滴的时间；二要懂得掌控属于自己的时间；三要懂得尊重别人的时间。

（3）在工作中散发人格魅力。人之所以会被尊重，源于梦想和素养。梦想的现实存在，其实就是每天做的事，而素养决定能做到什么程度。

9.2.3 建筑行业工匠精神的分析

不管是德国提倡的慢工细活工匠精神、日本提倡的职人文化工匠精神，还是我国古代提倡的艺徒制度工匠精神，体现的都是一种对信仰的踏实和认真，都需要人们树立对工作执着热爱的态度，对所做的工作、所生产的产品精益求精、精雕细琢。

建筑行业是最能体现“工匠精神”的行业，“对产品精雕细琢、追求完美和极致”的工匠精神理念对建筑行业提高工程品质、促进行业健康发展至关重要。

1. 鲁班文化是我国建筑行业工匠精神的精髓

鲁班是建筑行业传统文化的代表，建筑行业的工匠精神可理解为鲁班文化，其核心就是要更好地弘扬工匠精神，以鲁班作为一种象征，以建筑行业文化建设为契机，推动建筑行业在新常态下实现转型升级。通过潜移默化的文化建设，使中国建造走向世界，使中国成为名符其实的建筑强国。

鲁班文化集中体现着传统工匠对产品精雕细琢、追求完美和极致的精神理念，现代建筑工匠作为建筑行业的执业者，需要严格遵循国家和行业的政策、法令和基本规则，诚信经营，诚信执业。现代建筑工匠继承和发扬鲁班精神，需要与时俱进，勇于创新，树立新的发展理念，不断追赶和超越国际上先进的施工方式和施工技术，在推进我国建筑产业现代化的进程中有所发明、有所创造、有所成就。传承鲁班文化要脚踏实地、尊崇规律、不图虚名、求真务实，以精益求精、追求卓越作为自身的发展战略，用科学的态度去经营企业，提高企业运行质量和效益。

2. 当代建筑行业发展工匠精神的方式

（1）管理求精

建筑企业要做大做强，需要高端项目管理人员进行精细化管理、精益化生产。树立新的发展理念，把鲁班文化贯穿于企业文化之中；树立精益求精的全局性观念，以最短的工期、最小的资源消耗，保证工程最好的品质。在项目管理过程中，企业要在建筑产品的所有部位、在建筑队伍的所有岗位提倡工匠精神，将鲁班文化渗透到企业的经营管理活动中，长期地宣传和坚守，重视细节、追求卓越。项目管理人员需要拥有清晰的管理思路，互相帮衬，与业主、监理、施工、设计等单位有密切的合作与交流，体现利益共同体意识。

（2）技术求专

建筑产业化工人是实现建筑工业化必不可少的部分，建筑企业需要开展岗位操作技能培训考核，严格执行持证上岗制度，从已经取得岗位技能证书、职业资格证书、特种作业操作资格证书的技术工人中录用职工，调动员工参与考核的积极性，从根本上提高产品和服务的质量，提升行业的素质和社会信誉。专业工匠需要精通既有专业知识，熟悉国家准则和行业规范，专注于自己的本职工作，坚守信念，忠诚履职，增强创新意识，潜心钻研专业技能，学习新技术，保持对新知识和新技术的高度敏感，在学知识和技术的同时改进工作方法，找出各种知识和专业技术之间的联系，把它们有机地结合起来应用。

（3）生产求柔

在我国现阶段的建筑业进行柔性生产需要了解客户的需求，重视以人为本，满足不同经济条件、审美品味的客户需求。建筑企业需要做好市场调研，综合考虑项目面向的顾客人群，针对不同的人群设计不同的建造风格。利用装配式、模块化建筑技术，采用乐高玩具搭接方式，所有构件在工厂预制完成，运到施工现场进行组装，预制构件运到施工现场后，进行混凝土的搭接和浇筑，保证拼装房的安全性；将填充墙墙体设计建造为可移动式，让客户可自由变换空间，满足人们的空间需求；室内装修可采用多样化、个性化家具，设计不同室内装修色调、风格。柔性生产、个性定制需要将建筑设计、室内装修、室外环境等多学科知识综合运用，建造精品工程满足客户需求。

3. 传承建筑行业工匠精神的措施

（1）转变大众观念，提升工匠荣誉。

树立新的人生观、职业观，要使“劳动光荣、技能宝贵、创造伟大”成为共同的价值认同，加强优秀技能人才的宣传力度，使一线劳动者，尤其是各行各业的能工巧匠、技术能手获得应有的尊重，打通工匠人才晋升通道，健全高技能人才薪酬体系，提高技术工人待遇，使其获得与能力水平相匹配的社会地位和薪酬待遇。充分营造重视技能、尊重技能人才的社会氛围，提高一线技术人员对工匠精神、鲁班文化的认识，调动员工积极性，激发员工的创新能力，促进员工追求精益求精的精神。

（2）依托信息手段，规范工匠标准。

依托信息化、智能化手段，培养精益求精的工匠精神。大力发展装配式建筑，培训建筑产业化工人，提高施工质量，促进安全管理、文明施工；大力发展绿色建筑，节约各类资源，对施工现场原始生态环境进行保护，努力实现建筑业可持续发展；发展建筑智能化，利用物联网、BIM 等信息技术规范施工现场管理，调节供给关系，提高建筑品质。

建立健全工匠评审标准，规范工匠施工标准。积极组织开展建筑行业岗位技能大赛、操作技能比武、技术能手评选等活动，激发一线工人学习和钻研技术的自觉性、积极性，提高建筑业一线工人整体素质；规范建筑工匠标准，定期对建筑工匠施工现场抽查，对不按标准施工或实施不到位的工匠采取降低或取消工匠资质的惩罚，提高技能人员对施工质量的重视。

（3）加强人员培训，发展职业教育。

从培训入手，教育和影响每一个建筑执业者，使其及时了解新的行业规范。施工现场采取“师带徒”模式，建立完善的激励机制，对施工技能优异、认真教授徒弟的师傅给予物质奖励；定期举办技能竞赛，考核师傅与徒弟的技能水平，增进技术员工间的交流，培养施工人员的职业素养和创新精神。

大力发展职业教育，真正提高工匠的社会地位。在职业技术学校开设课程对学生、技工进行教育培训，让其在熟练掌握技术、不断锤炼技能的基础上，将“创新基因”深植于心，把工匠精神内化于心、外化于形；教育学生学习 BIM、智能建造等施工现场管理软件，掌握中高端技术技能；教育学生敢于创新，提升创新思维和实践能力，将创新成果转化为现实生产力，推进大众创业、万众创新。

参考文献

[1] 林楠．浅谈我国装配式建筑的发展方向［J］．江西建材，2015（20）：35.

[2] 李湘洲，李南．国外预制装配式建筑的现状［J］．国外建材科技，1995，16（04）：24-27.

[3] 王茜，毛晓峰．浅谈装配式建筑的发展［J］．科技信息，2012，21：354，381.

[4] 丁勇．关于装配式建筑发展的几点思考［J］．土木建筑工程信息技术，2014，6（03）：103-105.

[5] 黄小坤，田春雨．预制装配式混凝土结构研究［J］．住宅产业，2010（9）：30-34.

[6] 陈子康，周云，张季超，吴从晓．装配式混凝土框架结构的研究与应用［J］．工程抗震与加固改造，2012，34（04）：1-11.

[7] 张新娜．装配整体式混凝土结构设计与应用［D］．邯郸：河北工程大学，2013.03

[8] 赵中宇，郑姣．预制装配式建筑设计要点解析［J］．住宅产业．2015（09）．

[9] 姬丽苗，张德海，管桔瑜．基于BIM技术的预制装配式混凝土结构设计方法初探［J］．土木建筑工程信息技术，2013（01）：54-56.

[10] 樊则森，李文，陈蓉子，谭瑞娟．装配式剪力墙住宅建筑设计的内容与方法［J］．住宅产业．2013（04）：44-47.

[11] 贺灵童；陈艳．建筑工业化的现在与未来［J］．工程质量，2013，31（02）：1-8.

[12] 孙广秀，马晓蕊，张卫琴，孙林．建造装配式住宅推进住宅建设工业化［J］．住宅科技．2010（12）：34-37.

[13] 张苏苹．装配式工业化住宅应用实例［J］，山西建筑，2012，38（06）：3-4.

[14] 顾自林．预制装配式混凝土结构施工精度的控制［J］．建筑施工．2010，32（07）：655-656.

[15] 储竹龙．浅议混凝土装配式住宅施工技术的运用［J］．民营科技，2014（05）：125.

[16] 王爽，王春艳．装配式建筑与传统现浇建筑造价对比浅析［J］．建筑与预算，2014，219（07）：26-29.

[17] 徐勇刚．预制装配式住宅的研究与实践［J］．住宅产业，2012（07）：33-37.

[18] 姜绍杰，张宗军，王健．装配式混凝土建筑施工管理与质量控制［J］．住宅产业，2015（08）：67-71.

[19] 赖泽荣．超高层建筑施工装配式安全防护设施设计与应用［J］．建筑施工，2014（06）：723-725.

[20] 郭正兴．新型预制装配混凝土结构规模推广应用的思考［J］．施工技术，2014，43（01）：17-22.

[21] 林建福．预制全装配式混凝土框架结构施工技术［J］．建筑知识：学术刊，2012（05）：294-295.

[22] 王文香．实施2013版清单计价规范对工程造价计价体系的影响分析［J］．建筑与预算，2014（09）：21-23.

［23］ 乔鹏军．小型建筑企业的企业定额与投标报价［J］．山西建筑，2014，40（24）：247-248.
［24］ 刘兴．投标前调查研究的重要性及对中标的影响［J］．四川建筑，2014（04）：271-272.
［25］ 余侃华，张中华．建筑节能减排的国际实践经验与启示［J］．建筑技术，2012（03）：266-269.
［26］ 龚丹．预制装配式建筑的电气设计［J］．电世界，2015，56（05）：39-41.
［27］ 陆洪兵，总成装配式建筑装饰施工方式的研究［J］．房地产导刊，2013（04）：153.
［28］ 冯诗斌．建筑外墙板缝构造防水施工的方法探讨［J］科技传播，2011（02）：50-51.
［29］ 张和定．建筑装饰装修工程施工管理要点探讨［J］经营管理者，2011（21）：329.
［30］ 李滨．我国预制装配式建筑的现状与发展［J］．中国科技信息，2014（07）：114-115.